公開霊言
ホーキング博士
死後を語る

Spiritual Interview with Dr.Hawking

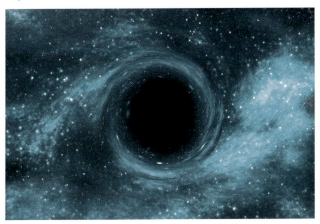

大川隆法

RYUHO OKAWA

本霊言は、2018年4月4日、幸福の科学 特別説法堂にて、
公開収録された(写真)。

はじめに

　世界的に有名な宇宙物理学者のホーキング博士が亡くなって約三週間後、日本の幸福の科学特別説法堂でこの霊言はなされた。突然のことで十分に準備ができなかったが、ホーキング博士は私の口を通して英語で霊言を語った。他の質問者は英語や日本語で質問していたが、私自身が日本語を理解できるので、途中から通訳は不要となった。

　ただ知ってほしいことは、世界的な科学者でも、「死とは何か。」「魂とは何か。」「あの世とは何か。」「神とは何か。」については、無知同然であるということだ。この点、科学を頂点として諸学問を判定しようとすること、特に宗教に関する学問に関して正邪を判定することは不可能という結論が出た。

　人間の魂はＤＮＡでもなければ、脳の神経作用でもない。間違った結論が学校教育や大学教育で教えられていることに対しては、信仰者は強い態度で真実を護り抜く覚悟が必要だ。

といっても本書はホーキング博士の世界的業績や、病苦を耐え抜いて努力された姿を否定するつもりで出版されるものではない。科学は科学として発展していくことを願いながら、神の実在と、神のすべられる世界の中で私たちが生きているということを強く主張しているのみである。

　ホーキング博士が本書中で語られた通り、旧約聖書の義人ヨブのように、苦しみ抜かれた結果、やはり疑いを乗り越えて、神への信仰に帰依することを願うばかりである。

2018年8月16日

幸福の科学グループ創始者兼総裁

大川隆法

公開霊言 ホーキング博士 死後を語る

目次

はじめに　　　　　　　　　　　　　　　　　　　　　1

1　死後3週間後に現れたホーキング博士の霊　　　11
　ホーキング博士との霊的な縁　　　　　　　　　　　11
　彼の信じる内容は、死後、変わったか　　　　　　　13
　難病と闘いながら宇宙を研究した科学者　　　　　　17

2　死の自覚について訊く　　　　　　　　　　　　21
　今まで"ブラックホールの渦"のなかにいた　　　　21
　「生きているなら、私は"ゾンビ"」という自己認識　25
　死んで霊になったことに気づくよう説得を試みる　　27
　通訳を介さずに会話が通じるようになる　　　　　　33
　なぜ来たのかは自分でも分からない　　　　　　　　39
　「心の世界については分からない」という立場　　　43
　「難しい」「分からない」を繰り返す　　　　　　　　46
　「魂の存在」を頑なに認めないホーキング博士の霊　50

3 ホーキング博士にとって「神」とは　54
神とは完全なＡＩのこと？　54
「私の仕事は、まさに神の仕事そのもの」との主張　58
難病になったことに納得がいかない　61
ニュートンやアインシュタインをどう思うか　64
「神の愛」を信じることはできなかったのか　67
神ではなく、悪魔(あくま)の存在は信じる？　72
「科学ではない」として、信じることを拒(こば)む　74

4 宇宙人の存在は信じたくない　78

5 病気と闘った人生をふり返って　83
自分の人生をアインシュタインと比べると、神は不公平に思える　83

「ウェストミンスター寺院なんか助けにならない」という今の実感　87

『旧約聖書』の神は、程度の低い人間のように見える　89

ヘレン・ケラーと一緒にしてほしくない　91

6　守護霊らしき存在とのコンタクト	94
背後にいる誰かが教えてくれる内容とは	94
映画「宇宙の法」で描かれることを嫌がっている？	100
エル・カンターレの偉大さを感じ始める⁉	103
「よい宇宙人として描いてほしい」と改めて要望	108
平行線をたどる「科学に対する見解」	110
まだ死後の生命を信じられない	116
7　「自由になりハッピー」と語る 　　ホーキング博士の霊	122
暗闇にいるけど、ハッピーだから天国？	122
ホーキング博士にとって希望とは	127
あえて言うなら、『旧約聖書』のヨブに似ている	132
霊言中に、大きな光が近づいてくる	136
8　ホーキング博士の"未来予測"	139
9　ホーキング博士の霊言を終えて	144
「科学者に対する教訓」となる今回の霊言	144

今後、宗教的悟りを得ることを祈りたい　　145
偉人になる素質のあるホーキング博士　　148

「霊言現象」とは、あの世の霊存在の言葉を語り下ろす現象のことをいう。これは高度な悟りを開いた者に特有のものであり、「霊媒現象」(トランス状態になって意識を失い、霊が一方的にしゃべる現象) とは異なる。

　なお、「霊言」は、あくまでも霊人の意見であり、幸福の科学グループとしての見解と矛盾する内容を含む場合がある点、付記しておきたい。

公開霊言

ホーキング博士 死後を語る

2018年4月4日　東京都・幸福の科学特別説法堂にて

スティーブン・ホーキング（1942 〜 2018）

イギリスの物理学者。ケンブリッジ大学の大学院生だった21歳のとき、筋萎縮性側索硬化症（筋萎縮症の一種）を発症。難病と闘いながら、ブラックホールについて革新的な理論を提唱し、若くして理論物理学の第一人者となる。「車椅子の天才科学者」と称された一方、「宇宙の誕生に神は不要」「天国も死後の世界もない」などの主張は、宗教界からの批判を浴びた。

司会・通訳
磯野将之（幸福の科学理事 兼 宗務本部海外伝道推進室長 兼 第一秘書局担当局長）

質問者　※質問順
斉藤愛（幸福の科学理事 兼 総裁室事務担当局長）
綾織次郎（幸福の科学常務理事 兼 総合誌編集局長 兼 「ザ・リバティ」編集長 兼 HSU講師）
斎藤哲秀（幸福の科学編集系統括担当専務理事 兼 HSU未来創造学部芸能・クリエーターコースソフト開発担当顧問）

［役職は収録当時のもの。］

1 死後3週間後に現れたホーキング博士の霊

ホーキング博士との霊的な縁

大川隆法　Today, suddenly, I met the spirit of the world famous Dr. Stephen Hawking. It was at midday, just two and a half hours ago, so I have not made any preparation for his invitation and for his theoretical speech. But this is the reality. So, we must try to get some spiritual instructions from him. We, the Happy Science members and I, and Dr. Hawking had some connection because we invited his guardian angel in 2011, at our General Headquarters in Tokyo. This spiritual interview was translated and published in 2015 under the name, *Alien Invasion: Can We Defend Earth*? So, this is not the first time.

（訳：本日、突然、世界的に有名なスティーブン・ホーキング博士の霊とお会いしました。お昼ごろで、そこから２時間半しかたっていないため、彼をお招きして理論的

な話をしてもらう準備はできていません。しかし、これが現実なので、何らかの霊的なご教授を頂けないか試みるべきでしょう。私たち、つまり幸福の科学の会員と私は、2011年に彼の守護霊を東京の総合本部にお呼びしたことがあるので、多少の縁はあります。そのときの霊言を翻訳した本が、『エイリアン・インベイジョン——キャン・ウィ・ディフェンド・アース?』〈宇宙人の侵略——私たちは地球を守れるか〉という書名で2015年に出ています。ですから、今回が初めてではありません。)

At that time, I contacted his guardian angel. Usually, we say so, but in the real meaning, it was not the guardian angel; he said he was the alien soul of Dr. Hawking. This was the first case, so I don't know exactly what it means. But I think that it might be a part of his soul. So, we can

(左)『宇宙人による地球侵略はあるのか』(幸福の科学出版刊)。第1章に、ホーキング博士の潜在意識のなかにいる「宇宙人の魂」の霊言を収録。
(右) 同書の英訳版である *Alien Invasion: Can We Defend Earth?* [New York: IRH Press, 2015]

understand that it might be his guardian angel or a part of his general soul. But today, Dr. Hawking himself came.

(前回コンタクトしたのは、彼の守護霊です。いつもはそう言いますが、実際には守護霊ではなく、その霊は「ホーキング博士の宇宙人の魂だ」と言っていました。そういったケースは初めてなので、どういう意味なのか正確には分かりませんが、彼の魂の一部であるかもしれません。「彼の守護霊」あるいは「魂全体のなかの一部」と理解してよいでしょう。ただ、今日来たのは、ホーキング博士本人です。)

彼の信じる内容は、死後、変わったか

大川隆法　The world famous Dr. Hawking died on March 14, just three weeks ago. I didn't want to invite his spirit because his theory is very difficult and I didn't want to let him speak about his difficult theories through my mouth in English. So, I did not want to invite him and I did

---

●守護霊／宇宙人の魂　人間の魂は原則として6人のグループからなり、あの世に残っている「魂の兄弟」の1人が守護霊を務めている。魂は、さらなる魂修行の場を求めて集団で他の星へ移住することがあり、地球に来て転生を始めたばかりの場合等には、守護霊が、宇宙人の魂であることもある。

nothing about it.

But today, he came here and you have already misunderstood. This is not his alien soul. This is just Dr. Hawking's soul. But he, himself, did not believe in souls while he was alive. This is the great problem.

In this book, his guardian spirit spoke about the alien soul. Dr. Hawking, an earthling, might believe in aliens because they let us imagine the fear of the future. If there were aliens in this universe, we, earthlings, would easily be conquered by them. He was afraid of that. But in reality, we have spiritually contacted a lot of alien souls and aliens.

（世界的に有名なホーキング博士は、ちょうど3週間前の3月14日に亡くなりました。彼の理論は非常に難しいため、彼の霊を呼び、その難解な理論について私の口を通して英語で語らせるのは気が進みませんでした。彼を招霊したくはなかったので、それに関して何もしなかったのです。

しかし、今日、彼がこちらに来ました。そして、〈質問

1　死後3週間後に現れたホーキング博士の霊

者を指して〉みなさんは早くも誤解していますが、これは彼の宇宙人の魂ではありません。ホーキング博士の魂にほかなりません。ただ、ご本人は生前、魂の存在を信じていませんでしたので、ここが大きな問題です。

　この本〈前掲書〉のなかで、彼の守護霊は、宇宙人の魂について語っています。そして、地球人であるホーキング博士は、宇宙人の存在を信じていたようです。それは、未来の恐怖を想像させる存在だからです。この宇宙に宇宙人がいるとしたら、私たち地球人は簡単に征服されてしまうでしょう。彼はそれを恐れていたわけです。しかし、実際には、私たちは、数多くの「宇宙人の魂」や「宇宙人」と霊的にコンタクトしています。)

So, after his death, did his belief change or not? We have some concerns about that. Were three weeks enough for him to know the truth? The most difficult problem is whether he understands his death or not. It's very difficult, but he came here to Tokyo, Japan, all the way from England. It means no one in England

● 「宇宙人の魂」や「宇宙人」と霊的にコンタクト……　幸福の科学では、宇宙人の霊言や、宇宙人リーディング（地球に転生してきた宇宙人の魂の記憶を読み取ること）も数多く行っていて、地球に飛来している宇宙人は500種類に達することが分かっている。『ザ・コンタクト』（幸福の科学出版刊）等参照。

understands what he is, what his reality is, what his entity is, and what he is thinking about. No one can hear or understand about his teaching, his realization, his existence, or what he felt about his existence.

　This is Tokyo, Japan. I'm not a scientist. I am a religious person. But as far as I can, I'll try to introduce his belief and his intention about his theory that he has now.

（そこで、彼の信じる内容は、死後、変わったかどうかについて多少関心があります。真実を知るのに3週間で十分だったかどうか。最大の問題は、自分が死んだこと自体を理解しているかどうかです。ここが非常に難しいのですが、ともかく彼は、はるばるイギリスから、ここ日本の東京にやって来たわけです。イギリスには、「今の彼」を、「今の彼の現実」を、「彼の本質」を、「彼が考えていること」を理解できる人はいません。彼の教えていることや認識、彼の存在、彼が自分の存在について感じていることを、誰も聞いてくれないし、誰も理解してくれないのです。

ここは日本の東京です。私は科学者ではなく宗教家ですが、できるかぎり、彼の信じていることや、彼が今考えている理論の意図について紹介してみたいと思います。)

難病と闘(たたか)いながら宇宙を研究した科学者

大川隆法　All of you may understand his theory slightly. He is famous regarding his black hole theory. I cannot explain it in detail, but it might be something like this: many small unseeable particles are released from the black hole, and this leads to its great explosion. After that, the black hole will end its life. This theory might explain about the new cosmic theory.

Dr. Hawking was a professor at the University of Cambridge and there is a documentary film about him. Its title is *Hawking*. There is another biographical film titled *The Theory of Everything*. Also, he wrote *A Brief History of Time*, which became a bestseller and sold 10 million copies, so he's very famous.

Adding to that, he got ALS at the age of 21. It's a difficult illness. I don't know exactly, but it is called amyotrophic lateral sclerosis. ALS is the weakening of the muscles, so he, himself sat on this kind of chair and behaved like this. He could not say anything. He used some kind of machine to type his words and voice them in English. So, we know about him.

（みなさんは、彼の理論を少しなら理解しているでしょう。彼はブラックホールの理論で有名です。詳しくは説明できませんが、「ブラックホールは、目には見えない素粒子を大量に放出し、最後、大爆発して消滅する」〈ホーキング放射〉というものです。これは、新たな宇宙理論の説明かもしれません。

ホーキング博士はケンブリッジ大学の教授であり、彼については、「ホーキング」という題名のドキュメンタリー映画と、「博士と彼女のセオリー」という題名の伝記映画があります。また、彼の著書『ホーキング、宇宙を語る』は1,000万部のベストセラーになっています。ですか

1 死後3週間後に現れたホーキング博士の霊

ら、彼は非常に有名なのです。

　それに加えて述べるとすると、彼は21歳でＡＬＳにかかっています。これは難病です。正確には知りませんが、筋萎縮性側索硬化症(きんいしゅくせいそくさくこうかしょう)と呼ばれ、筋肉が弱っていく病気です。彼本人は、こういった椅子に座り、〈右に少し体を傾け〉このような姿勢で、何も話せませんでした。ある種の機械を使って、言葉をタイプしてそれを英語の声に変えていました。そういったことが知られています。)

Today, he, himself, is a soul. Can he speak in English or in Japanese or any other alien language? I don't know. So then, let's try. Will you be enough to speak with him? I don't know. But we'll try. If you cannot have a conversation with him, I'll try to translate it into Japanese, but I don't know what will happen. OK, then, I will try.

Dr. Stephen Hawking,

Dr. Hawking,

Could you speak instead of me?

(さて、今日来ている彼自身は、魂です。英語で話せるか、日本語か、あるいは宇宙語かは分かりませんが、やって

みましょう。みなさん〈質問者〉で彼と十分に話ができるかは分かりませんが、やってみます。会話が成り立たない場合は、私のほうで日本語に翻訳してみます。どうなるかは分かりません。オーケー。では、やってみましょう。

スティーブン・ホーキング博士、

ホーキング博士、

私に代わってお話しいただけないでしょうか。)

(約7秒間の沈黙)

2 死の自覚について訊く

今まで"ブラックホールの渦"のなかにいた

ホーキング博士（以降、Dr. と表記）（咳をする）

磯野（以降、磯と表記） Hello?
（こんにちは。）

Dr. Oh, hello.
（ああ、こんにちは。）

磯 Are you Dr. Hawking?
（ホーキング博士でいらっしゃいますか。）

Dr. Yes. Yes, yes. Maybe, yes.
（はい。はいはい。たぶん、そうです。）

磯 Can you hear us?

（私たちの声が聞こえていますか。）

Dr. Hmm. Hmm.
（〈うなずきながら〉うん。うん。）

磯 And can you speak?
（お話はできますか。）

Dr. Yes.
（はい。）

磯 Thank you very much for coming here today.
（本日はお越しくださり、まことにありがとうございます。）

Dr. Oh yes, but no.
（ああ、そうだけど、違う。）

磯 Yes, but no?

(「そうだけど、違う」とは?)

Dr. Yes, but no. Who am I? What am I? I don't understand.
(そうだけど、違う。私は誰なんだ。何者なんだ。分からない。)

斉藤愛(以降、愛と表記)
What do you think about your existence now? You said...
(今のご存在について、どう思われますか。あなたがおっしゃったのは……。)

Dr. Existence is a very difficult word. Am I an existence? Something or...
(「存在」とは難しい言葉だね。私は「存在」なのか。何か……。)

愛 What do you think about this?
(それについてどう思われますか。)

Dr. It's a little difficult problem. I'm in the whirl of a black hole, so…

（ちょっと難しい問題だね。私は"ブラックホールの渦(うず)"のなかにいて……。）

綾織（以降、綾と表記）

Can you understand that you're dead?

（ご自分が亡くなったことはお分かりでしょうか。）

Dr. Dead?

（亡くなった？）

綾 Dead.

（亡くなりました。）

Dr. "Can you understand that you're dead"?

（「亡くなったことはお分かりでしょうか」って？）

愛 You're dead. You died.

（あなたは亡くなられました。死んだんです。）

Dr. Died? No!
（死んだ？　まさか！）

愛　Died.
（亡くなったのです。）

Dr. No!
（そんなわけない！）

「生きているなら、私は"ゾンビ"」という自己認識

愛　This is Japan. Do you understand that this is Japan? You lived in England, but this is Japan.
（ここは日本です。ここが日本であることはお分かりですか。イギリスにお住まいでしたけれども、ここは日本です。）

Dr. Oh, this is Japan, Japan. Yeah, I came here to Japan, but...
(ああ、ここは日本か。日本ね。そう、日本に来たけど……。)

愛 How did you come here?
(どうやって来られましたか。)

Dr. Hmm, it's a mystery. Am I alive or not? Are we alive? I'm thinking, thinking, thinking or dreaming, dreaming, dreaming? Did you say death?
(うーん、それが不思議なんだ。私は生きているのか、いないのか。われわれは生きているのか。考えているんだよ。考えて考えて、夢を見て、夢を見て、夢を見ているのかな。「死」って言ったっけ？)

愛 Yes, your body is dead. But your soul is alive.
(はい。あなたの肉体は死にました。でも、魂は生きています。)

2 死の自覚について訊く

Dr. Oh, a living dead. The living dead. I know, I know, I know. You are saying I'm a zombie. No, no.
（ああ、「生ける死人」か。生きている死者ね。そうかそうかそうか。"ゾンビ"だと言っているわけね。そんなわけない。違うよ。）

愛 No, no, you are a soul now. You are a soul. Your body is dead.
（いえいえ、今のあなたは魂なんです。魂です。あなたの肉体は死にました。）

Dr. If I'm alive, I'm a zombie.
（生きているとしたら、ゾンビでしょう。）

死んで霊になったことに気づくよう説得を試みる

愛 Can you see your body now? It's not your body.
（今、ご自分の体が見えますか。あなたの体ではないですよね。）

Dr. A little different.
（〈胸を触り手足を見て、体を確認する〉少し違うね。）

愛 Yes, a very different body. So, your body is not on this earth. Your body is not here.
（ええ、全然別の体です。つまり、あなたの体は、この地上からなくなったのです。あなたの体は、ここにはありません。）

Dr. No, no. If I were a zombie, zombie is an existence.
（いやいや。私がゾンビなら、ゾンビが「存在」だね。）

愛 Your body is not here, but your soul is here.
（あなたの体はここにはありません。でも、あなたの魂はここにいます。）

Dr. Oh, I'm here, I'm here.
（ああ、私はここにいるよ。ここにいる。）

2 死の自覚について訊く

愛　Yeah, you are here, but not your body. Your body is dead.
（ええ、あなたはここにいますが、あなたの体ではありません。あなたの肉体は死んだのです。）

Dr.　Prove it.
（証明しろ。）

愛　Because it's not your body. Take your hand and put it into your chest.
（あなたの体ではないからです。手を胸に当てて、なかに入れてみてください。）

Dr.　I cannot.
（〈手を胸に当てる〉できないけど。）

愛　But it's Master's body. Your soul can go through his body. Can you understand?
（でも、それは総裁のお体です。あなたの魂は総裁の

肉体を通り抜けられるんです。お分かりですか。）

Dr. No, I cannot. Ah, I changed my face.
（〈手を胸に当てる〉いや、できないよ。〈モニターに映った自分を見て〉ああ、顔が変わったなあ。）

斎藤哲秀(以降、哲と表記)　私は日本人です。すみません。ここは日本です。
〔通訳が、質問者の発言を英語で言い直す。以下、途中まで同様。〕

Dr. Go back to Japan.
（日本に帰れ。）

哲　私は今、日本にいるので帰れません。ここが今、私の生きている場所です。

Dr. This is England. Westminster Abbey.
（ここはイギリスだよ。ウェストミンスター寺院だ。）

●ウェストミンスター寺院　ロンドンにある英国国教会の寺院。ホーキング博士の遺灰は同寺院に埋葬された。なお、歴代の国王の多くやアイザック・ニュートンもこの地に埋葬されている。

哲　あなたは何のために、今日、来ていますか。理由を教えてください。

Dr.　I don't like you. Get out, get out! I'm a world famous scientist. You know?
（君は気に入らんな。出ていけ。出ていけ！　私は世界的に有名な科学者なんだ。分かってる？）

哲　確かに、有名な方であるとは存じています。

Dr.　Then, get out, get out!
（それなら、出ていけ。出ていけ！）

哲　しかし、大変申し訳ありませんが……。

Dr.　Get out, get out, get out!
（出ていけ。出ていけ。出ていけ！）

哲　申し訳ありませんが、言わせていただきます。

Dr. Get out, get out, get out!
（出ていけ。出ていけ。出ていけ！）

哲　今、あなたが入っている肉体は、マスター・リュウホウ・オオカワ、大川隆法総裁です。あなたではありません。

Dr. Hmm? Hmm? Incredible. Incredible. Incredible. Incredible.
（〈人差し指を左のこめかみに当てながら〉うん？　うん？　信じられない。信じられない。信じられない。信じられない。）

哲　今、あなたの指が指した肉体は、あなたの肉体ではないですね。

Dr. Incredible. Incredible.
（信じられない。信じられない。）

哲　よく見てください。

Dr.　Incredible.
　　（信じられない。）

哲　綾織編集長、どうぞ。

通訳を介さずに会話が通じるようになる

綾　生前は、ご自分の口を通してお話しすることはできなかったと思いますが、今は、あなたが入っている肉体の口を通して、お話しされていますよね。

Dr.　Am I dreaming or am I a zombie? I'm not sure. I'm not a medical doctor, so I'm not sure. Is he the famous Frankenstein or something like that?
　　（夢を見ているのか、ゾンビなのか、よく分からない。私は医者じゃないから、分からないよ。〈胸のあたりを指して〉彼は有名なフランケンシュタインか何か

なの？）

哲　私たちはメディカルドクターではありませんし、ここは、何度も言うようですが、日本です。
〔通訳する前に、ホーキング博士が答えるようになったため、これ以降は通訳しない。〕

Dr.　Why? Why can you say so definitely?
　　（なんで、そう言い切れるの？）

哲　あなたの存在は霊であるので。

Dr.　Why?
　　（なんで。）

哲　霊です。

Dr.　Why? Why? Why? Why? No one can prove that: the existence of spirits or souls.

（なんで、なんで、なんで、なんで。そんなの誰も証明できないじゃない。霊や魂の存在なんて。）

愛　So, could you please tell us why you are here?
（では、よろしければ教えてください。あなたはなぜ、ここにいるんですか。）

Dr.　I don't know! But you published these books. So, this is the reason.
（知らないよ！〈前掲書を掲げて〉君たちがこんな本を出したからだよ。）

愛　あなたはその霊言を信じるんですか。

Dr.　No. "Ryuho Okawa." It was written by Ryuho Okawa, not Dr. Hawking.
（いや。〈本の表紙の著者名を指して〉大川隆法とある。書いたのは大川隆法で、ホーキング博士じゃない。）

愛 だけど、ホーキング博士の守護霊が来て、しゃべっているんです。それは信じないですか。

Dr. No one can prove that.
(そんなことは誰も証明できない。)

愛 だけど、あなたは、今のあなたの存在も証明できないですよね？

Dr. Hmm?
(ん？)

愛 「あなたが今いる」という証明を、あなたが今してください。

Dr. Then, as I already said, I'm dreaming or I'm a zombie.
(じゃあ、さっきも言ったけど、夢を見ているか、ゾンビだよ。)

哲 （苦笑）夢のなかでも、ゾンビでもありません。今、あなたは英語で、私は日本語で話しているのに、会話が通じています。霊の波動というか、意思の力で、テレパシーのように伝わっているのです。これが、肉体を超えた世界があるということの証明です。

Dr. Hmm?
（うーん？）

哲 私の言っていることの思いが伝わるはずです。私は英語をうまくしゃべれませんが、思いを念じて、出しています。

Dr. Speak in English! Haha.
（英語で話しなさい。ハハッ。）

愛 But you can understand what he's saying, can't you?
（でも、彼の言っていることが理解できますよね。）

Dr. Why? I don't know. But slightly, I can understand.
（なんでだろう？　分からないけど、ちょっとは理解できる。）

愛　Why?
（なぜですか。）

Dr. I don't know.
（知らないよ。）

哲　先ほど話に出ましたが、音声合成機を通して話をしていた生前に対し、今あなたはペラペラとしゃべっています。これが、生きているときと、死んだときの違いです。なぜ、こんなに流暢にしゃべれるのでしょうか。

Dr. Dreaming. Dreaming.
（夢だよ。夢を見ているんだ。）

哲　ドリームだから？　夢だから？

Dr.　Dreaming. Dreaming.
　　（夢だから。夢を見ているので。）

哲　これは夢ではなく、今、この世に生きていて、（手を1回叩く）音がする場所ですよ。肉体があります。矛盾しています。夢ではない。「これはどういうことか」ということについては、綾織さんからどうぞ。

なぜ来たのかは自分でも分からない

綾　Did you...
　　（あなたは……。）

Dr.　You can speak English! OK, OK.
　　（君は英語が話せるのか。よし、よし。）

綾　Did you meet someone during the two or three

weeks after your death?
(亡くなられてから、2、3週間のあいだに、誰かとお会いになりましたか。)

Dr. Someone?
(誰かと？)

綾 Did someone speak to you? Do you remember?
(誰かが話しかけてきましたか。覚えていらっしゃいますか。)

Dr. No.
(いや。)

綾 No?
(誰もですか。)

Dr. No, no one. I have been in a black hole.
(誰もいない。私は"ブラックホール"のなかにいた

2 死の自覚について訊く

ので。)

綾 A black hole? You were in a black place, a dark place?
(ブラックホール？ 暗黒の場所、暗い場所にいらしたんですか。)

Dr. Uh-huh. Time and light are gone in this place. So, there spreads black night.
(うん。時間も光も、ここでは消えてなくなる。真っ暗な夜が広がっているだけだ。)

愛 If you were in black night, why did you come here today?
(真っ暗な夜にいたのなら、なぜ今日ここにいらしたのですか。)

Dr. I don't know! So, I just asked you! Why?
(知らないよ！ だから、訊いてるんだよ！ なぜな

んだ？）

愛　いや、だけど、「あなたのほうから来た」と、私たちは聞いているんですよ。なぜいらしたんですか。

Dr.　You must pay me something.
（〈前掲書を掲げながら〉いくらかお金を払ってもらわないと。）

哲　なるほど……。

Dr.　Nothing. I got nothing from this.
（何もない。何ももらっていない。）

愛　やはり助けを求めて来たんですよね？　本当は幸福の科学学園の入学式（4月7日）のときまでに助けてほしかったんですよね？　なぜ今まだ生きているのかが分からないから、それを教えてほしいから、来られたんですよね？（注。本収録の3日後に、幸福の科

学学園入学式での法話が予定されていたことを指す)

Dr. Umm... Err... Difficult, difficult, very difficult, difficult, difficult. I'm a professor, you know? A world famous professor. I examined the secret of the universe. But what this is, I don't know.
(うーん、あー、難しい。難しい。実に難しい。難しい。難しい。私は教授ですよ。知ってるでしょう? 世界的に有名な教授なんです。宇宙の秘密を探ったんです。で、これは何なのか。分からない。)

「心の世界については分からない」という立場

哲　宇宙には……。

Dr. Poor man, poor man, poor guy, bye-bye.
(君、かわいそうだね。かわいそうな人だ。かわいそうなやつ。バイバイ。)

哲 (苦笑）バイバイ……。そこを何とか。

　宇宙には、目に見えない領域がありますが、心のなかにも目に見えない領域があります。「夢」というふうに、物質化しない世界もあるのと同じように、人間には、肉体とは別に「心」という世界もあります。

Dr. A little difficult. Translate, please translate.
（ちょっと難しいな。翻訳。翻訳してください。）

磯 There is a universe we cannot see.
（私たちの目には見えない宇宙があります。）

Dr. Hahahahahahahaha.
（ハハハハハハハハハ。）

磯 Also, we have the world of the mind, our inner world. This cannot be seen, either.
（そして、心の世界もあります。私たちの内なる世界です。それもまた目には見えません。）

2 死の自覚について訊く

Dr. Yeah, yeah, yeah, yeah. In physics, yeah.
（はいはいはいはい。物理的にはね。そうですね。）

哲　それについては、まだ解明されてないところがありますよね？

Dr. I don't know. I don't know about that.
（分かりません。それについては分かりません。）

哲　心の世界は、まだ解明されていない世界です。あなたは今、その解明されていない世界に心を開かねばならない状態にいます。

Dr. When you die, you'll perish from this world.
（死んだら、この世界から消えるでしょう。）

哲　死後の世界は、心を開かないと見えません。

Dr. Ah, just Indian.

（ああ、まさにインディアンだね。）

「難しい」「分からない」を繰り返す

愛　Why didn't you perish from this earth?
（なぜ、あなたはこの地上から消えなかったんですか。）

Dr.　Hmm? Hmm?
（ん？　ん？）

愛　Why didn't you perish?
（なぜ、あなたは消えなかったんですか。）

Dr.　Maybe I'm a noble spirit. Divine existence. That's the reason.
（私は高貴な霊なんじゃないかな。神聖なる存在なんだ。それが理由だよ。）

2 死の自覚について訊く

愛 Why don't you know about why you are here? You said many times, "I don't know." You are a famous genius professor. So, why do you say, "I don't know"?
（では、なぜここにいる理由が分からないんですか。あなたは何度も「分からない」と言っています。有名で天才的な教授なのに、どうして、「分かりません」なのですか。）

Dr. Indeed, there is a black hole, I feel the existence of a black hole. But no one can prove it. Hmm… I'm just in this kind of whirl or black night, and there is some kind of… how do I say? I can say…
（確かに、ブラックホールはあるよ。ブラックホールの存在は感じるけど、誰も証明はできないので。うーん……。私は、渦みたいなものか、漆黒の夜みたいなもののなかにいて、そこには……、何と言えばいいのか。私が言えるのは……。）

愛 You say, "I don't know," but we can say, "we know"

and Master can say, "I know."
(あなたは「知らない」とおっしゃいますが、私たちは「知っている」と言えます。そして、総裁も「知っている」と言うことができます。)

Dr. Who? Who? Who? Master? Who?
(誰？　誰？　誰？　マスター？　誰のこと？)

愛　The body. It's Master's body.
(そのお体です。それは総裁のお体です。)

Dr. Master is body? Body is Master! Oh.
(マスターが体？　体がマスター？　おお。)

愛　No, no, no. You're now in Master's body.
(〈笑〉いえいえ、違います。あなたは今、総裁のお体のなかにいるんです。)

Dr. It's difficult, it's difficult, it's very difficult. In this

2 死の自覚について訊く

three-dimensional world, it's very difficult. Master is here and Dr. Hawking is here, at the same time, in the same place. It's very, very difficult.

（難しい。難しい。とても難しい。この3次元世界では、それは非常に難しい。マスターがここにいて、ホーキング博士もここにいて、同時に同じ場所に存在する。これは極めて難しい。）

愛 But in the four-dimensional world, it can happen.

（でも、4次元世界では可能なんですよ。）

Dr. It's also difficult. No one can explain the four-dimensional world. So, very difficult.

（それも難しいよ。4次元世界を説明できる人なんていないんだ。非常に難しい。）

愛 But we believe this. Don't you believe it?

（でも、私たちは信じています。あなたは信じていないのでしょうか。）

Dr. That's your option, of course. You can, of course, but I cannot. I am Dr. Hawking. I'm here. But I don't know why. Please explain.

（もちろん、それはあなたの選択です。あなたが信じるのは当然構わないけど、私は信じられない。私はホーキング博士だ。ここにいる。しかし、なぜなのかは分からない。説明してください。）

「魂の存在」を頑（かたく）なに認めないホーキング博士の霊

綾　●物理学でも、この世以上の見えない宇宙のことを説明していると思います。

Dr. It's just a theory.
（理論にすぎませんよ。）

綾　それが、宗教で言うところのあの世なのですが、あなたは、まったく否定されているということですか。

●物理学でも……　物理学では、この世を超えた高次元のことを「余剰次元（よじょう）」と呼ぶ。スイスの大型加速器でその存在を確かめる実験が計画されている。

2 死の自覚について訊く

Dr. I can't believe it. I cannot.
（信じられないね。信じられない。）

綾 でも、それは、物理学ではもう探究の対象になっています。「物理学では探究しているが、思想・信条においては信じることができない」ということですか。

Dr. If I died, I should... we'll be ashes, just ashes. Nothing remains.
（死ねば、私は……、人は灰になる。ただの灰です。何も残りません。）

綾 でも、"ナッシング"にはなっていません。ご自身の考えを変えたほうがよいのではないでしょうか。

Dr. There is nothing. This is not mine. This is not mine. This is not mine. This is not mine. This is not mine. This is not mine. This is not mine. But I am here.
（何もない。〈腕や脚（あし）など、体のあちこちを指しながら〉

これは私のじゃない。私のじゃない。私のじゃない。これも私のじゃない。私のじゃない。私のじゃない。私のじゃない。でも、私はいる。〈首をかしげる〉〉

綾　うん。そのようにご自身で考えられていますよね。

Dr.　（首をかしげる）

綾　「思考」がありますよね。

愛　それを「魂」と、私たちは言っているんです。ですから、あなたは、3次元の住人ではなく、4次元以降の住人になったのです。物理学でも、4次元空間という概念(がいねん)がありますよね？

Dr.　Theoretically, of course.
　　（もちろん理論上はね。）

愛　だけど、実際にあるんです。

Dr. But whether spirits are living in the four-dimensional world or not has not been proven yet.
（だけど、霊が4次元世界に住んでいるかどうかはまだ証明されていない。）

愛　「証明されてないから信じない」ではなく、「信じる」ということはできないんですか。だって、あなたは今そこに存在しているんですから。

3　ホーキング博士にとって「神」とは

神とは完全なＡＩのこと？

Dr. I don't believe in God because I'm the existence of more-than-God. When I studied and educated the people of the world, people who are more intelligent than you, I was God.
（私は神を信じていません。私は神以上の存在なので。勉強して、世界中の、あなたがたより頭のいい人たちに教えていたときは、私が神でしたから。）

綾　ちょっと揚げ足取りですけど、「神以上」ということは、いちおう神の存在を想定されているんですか。

Dr. I mean God is the perfect AI. And I'm more than that.
（神とは完全なＡＩ〈人工知能〉のことです。そして、私はそれ以上のものです。）

3 ホーキング博士にとって「神」とは

綾　頭脳として最も優秀であると？

Dr.　The reality of the soul is the activity of the brain.
（魂(たましい)というのは、実際は脳の作用です。）

綾　「人間は脳みそがすべて」ということですね？

Dr.　The brain and its action.
（脳とその作用です。）

綾　では、神よりも偉大だという、あなたご自身の脳は今どこにありますか。

Dr.　It's ashes.
（灰ですよ。）

綾　もうないわけですよね。

Dr.　So, I should not be here in this world. But I'm here. I

cannot explain this contradiction.

(だから、この世界にいたらおかしいのに、ここにいる。この矛盾(むじゅん)を説明できない。)

哲　脳がないのに、考えられるというのは……。

Dr.　Dream. Just a dream.
(夢だね。ただの夢。)

愛　灰だと、考えられないし、ドリームもないですよね？

Dr.　I'm in a hospital.
(病院にいるんだよ。)

哲　今、考えている自分が、あなた自身ではないんですか。今、"しゃべれる自分"が、目に見えないあなたの意識なんじゃないですか。

Dr.　If I have my brain, I can. I can. If I have no brain, I

cannot. I cannot.
(脳があればできるよ。できる。脳がなければできない。できないね。)

哲　そう、ブレインが、かたちなきブレイン……。

Dr.　No, no, no.
(いやいやいや。)

哲　かたちはないけど、"脳"はあるんです。脳というか、人間には、肉体を司る「考える意識」があるんです。

Dr.　It's an underdeveloped animal or a small soul, a small existence. But I have a great brain. So, if I lost my brain, I cannot think about the world, about the cosmic world and about myself, about my family, or the people of the world.
(それは未発達な動物か、小さな魂、小さな存在の話だよ。私には偉大な頭脳がある。だから、脳がなくなっ

たら、世界のことも、宇宙のことも、自分のことも、家族のことも、世界の人々のことも考えられないよ。)

「私の仕事は、まさに神の仕事そのもの」との主張

哲　リサ・ランドール博士（アメリカの理論物理学者）のことは評価されていますよね。あの方は5次元以上の世界を理論でもって説明しようとしています。
　●超ひも理論では、5次元、6次元、7次元、8次元、9次元が出てきますし、「11次元まである」という話もあります。つまり、「何もない空間でも、まだ違う世界がありえる」ということを、科学は今探究しています。

Dr.　Umm.
　（うーん。）

哲　肉体、ボディにも、さまざまな階層性があります。

●**超ひも理論**　超弦理論ともいう。物質を構成する究極の最小単位は、点粒子ではなく、「有限の長さを持つひも状のもの」とする理論。相対性理論と量子力学を統一する「万物の理論」の有力候補として活発に研究されている。

3 ホーキング博士にとって「神」とは

また、意識のなかにも、さまざまな段階があります。そのような段階というものを、あなたは考えないんですか。「あるか、ないか」という話をずっとしていますけれども、普通、科学では、「段階」という考え方はオーソドックスにあるものなのです。なのに、あなたの考えは、「ない」「ナッシング」ばかりです。

Dr. You can think of everything in theory. So, if another doctor thinks about that, it's OK. It's permissible. But it's not my field, so I cannot understand. I cannot believe it.
（理論においては、あらゆることを考えることができるので、ほかの博士がそれについて考えるのは構わない。それは許される。だけど、私の専門領域じゃないから、私には分からないね。信じられない。）

愛 私たちは、あなたが矛盾して分からなくなっているところをずっと説明しているんですけど、そのことは分かりますか。

Dr. I'm just studying about black holes, and the beginning of the world and the end of the universe. So, my work is indeed the work of God.
(私が研究しているのは、ブラックホールや世界の始まり、宇宙の終わりなので、私の仕事は、まさに神の仕事そのものなんですよ。)

愛 だけど、それは証明するだけで、あなたが創ったわけではないですよね？ 世界を創ったのは、ゴッドですよね？

Dr. If I can explain it, I am God.
(説明できるなら、私が神です。)

愛 でも、それでも創っていないですよね。キリスト教では、ザ・クリエーター（創造主）に当たると思いますが、あなたはザ・クリエーターではないですよね？

Dr. The Creator. If there were the Creator, he must get my instruction to create this universe.
（創造主か。もし創造主がいるなら、この宇宙を創造するのに、私の指示を受けなくてはならない。）

難病になったことに納得がいかない

綾　神様であるならば、どうして真っ暗な世界にいたのでしょうか。

Dr. This is the beginning or the end of the world. It's a black hole.
（これが、世界の始まり、あるいは終わりなんだよ。ブラックホールだ。）

綾　まだ終わっていなくて、こういうふうに地上の世界が普通に展開しているのですが。

Dr. If I am living, there should be the world. But if I'm not

here, the world disappears at that time. The existence of the world can be recognized by my brain only. So, if my brain disappears, the world will disappear also.
（私が生きているなら、世界はあるだろう。だが、私がここにいなかったら、そのときは、世界も消える。世界の存在は、私の脳によってのみ認識されうる。だから、私の脳が消えれば、世界も消えるだろう。）

綾　でも、まだ、なくなっていないですよね？　認識するご自身がいるということですよね？

Dr.　Then, I'm still alive. I'm still alive.
　　（じゃあ、私はまだ生きているんだ。まだ生きている。）

綾　それは、「魂として生きている」ということです。このことは、あなたの今までの「宇宙を説明した理論」では説明できないわけですよね？

Dr.　Hmm.

3 ホーキング博士にとって「神」とは

（うーん。）

綾　あなたの説は間違っているとは言いませんが、「理解できない」ということは、「全部を説明できるわけではない」ということだし、「あなたの理論が届かない世界が存在する」ということだと思うんです。

Dr.　In the Bible, God created a man and the man looked like God—it's written like that. But I needed a wheelchair and I needed a machine to send my messages to the world. If God made me, I cannot accept the reason why my physical actions were heavily destroyed, or my perception... I hate God. You might think and believe that you are like gods or God, but I cannot believe in that kind of God.

（『聖書』のなかには、「神は、自分に似せて人間を創造した」というふうに書いてある。でも、私は、車椅子が必要だったし、世界にメッセージを伝えるにも機械が必要だった。神が私を創ったのなら、なん

でこんなに体の動きを目茶苦茶にされ、知覚も……、納得がいかないね。神なんか嫌(きら)いだ。君たちは「自分たちは神に似ている」と考え、信じているとしても、私はそんな神は信じられない。)

ニュートンやアインシュタインをどう思うか

綾　報道によれば、あなたの肉体は焼かれて、ウェストミンスター寺院に埋葬(まいそう)されました。

Dr.　That's the end of God, so that's the end of the world. That's the end of the universe.
（それが神の終わりだ。世界、宇宙の終わりだ。）

愛　But God loves you.
（でも、神はあなたを愛しています。）

Dr.　It is the beginning of a black hole. Another universe will be born again.

（ブラックホールの始まりだよ。また次の宇宙が生まれるわけだ。）

綾　そこには、近代科学の父と言われるニュートンも埋葬されていますが、そのニュートンは神様を信じていました。創造主、造物主を信じた上で、科学をつくられたのです。ここの考え方の違いは大きいと思います。

愛　But in the first place, you don't believe in God and you hate God. Is it because you have a disability?
（そもそも、あなたは神を信じていなくて、神が嫌いなんですよね？　障害があるからですか。）

Dr.　Newton is an underdeveloped person, you know?
（ニュートンなんて、"後(おく)れた人"だよ。分かる？）

綾　そういうご認識なんですね。

Dr. I'm a scientist of the 21st century, you know?
（私は21世紀の科学者だから。分かる？）

磯 How about Dr. Einstein?
（アインシュタイン博士はいかがですか。）

Dr. He is an old-fashioned scientist, of course. One hundred years ago, he arrived in this world. But he, himself, said that he didn't believe in God, soul, or afterlife.
（あれも時代遅れの科学者だよ。百年前に出た人でしょう。だけど、あの人は「神も魂も来世も信じていない」と言っていた。）

綾 幸福の科学では、さまざまな霊言が録られていて、「ニュートンの霊言」もあります。ニュートン様は、霊言のなかで、「自分はどういう世界に還っているか」「世界はどういう神様によって、どういうかたちで創られたのか」「神という存在はどういう方なのか」と

3 ホーキング博士にとって「神」とは

いうことを、ご自身の分かる範囲で説明されています。

Dr. (ため息)

綾 それでいくと、「ニュートンは古い人間だ」というのは、ちょっと理解できないのですが。

Dr. He made a lot of mistakes.
(彼には間違いがたくさんあるから。)

「神の愛」を信じることはできなかったのか

愛 あなたは、神様はあなたを愛していないと思ったん

(左)『ニュートンの科学霊訓』(幸福の科学出版刊)。
(右)『アインシュタイン「未来物理学」を語る』(幸福の科学出版刊)。

ですか。

Dr. I, myself, is beyond God. God is the being that you can assume to be like an artificial intelligence, the perfect artificial intelligence. But I'm more than that.
（私は、私自身は神を超えているんだ。神というのは、人工知能、完璧な人工知能みたいなものとして想定できるものであって、私はそれ以上の存在なんだ。）

愛　あなたは、先ほど、「体が不自由だったから、もし神が自分を創ったのなら、私は神を憎む」というようにおっしゃいましたが、そういう状況にあっても、神を信じ、神の愛を信じている人はいっぱいいます。今度、幸福の科学が公開する映画（「心に寄り添う。」）には、そういう方々がたくさん出てきます。

　あなたは「神様はあなたを愛している」ということを信じられなかったですか。

●映画「心に寄り添う。」　いじめ、不登校、自殺、そして、障害を持つ人とその家族にとって、ほんとうの「救い」とは何かを追い求めたドキュメンタリー映画。企画・大川隆法。巻末広告参照。

3 ホーキング博士にとって「神」とは

Dr. No. If there is God then we, cosmologists, are not required in this world. God cannot teach us. So, we must think about the birth and the death of the universe. We cannot believe in the existence of God.（できないね。もし神が存在するなら、われわれ宇宙物理学者はこの世界に必要なくなる。神は、私たちに教えることはできない。だから、私たちが、「宇宙の誕生」と「死」について考えないといけない。私たちは、神の存在を信じることはできない。）

哲 ただ、悲劇が襲ったのは21歳のときで、致命的な病気と診断され、医師から「先行きは暗い」と言われたわけですが、あなたは「そのあとの出来事はすべておまけだ」とおっしゃっていたと伺っています。ですから、学生時代は希望はあったし、病気になっても、結局、人生の宝をつかまれていたとは思うんです。それは、やはり大切なものだったのではないでしょうか。

Dr.　Get out, get out, get out, get out!
（出ていけ。出ていけ。出ていけ。出ていけ！）

哲　いやいや。だって、ジェーン・ワイルドさんという方と結婚されたじゃないですか。

Dr.　Your brain has some deficit.
（君の脳には欠陥がある。）

哲　結婚されました。そして、3人のお子さんを授かりました。人生、"幸福だったとき"もあったのではないでしょうか。そういうところをふり返ると、神様はあなたをすごく愛していたのではないでしょうか。

Dr.　You underdeveloped person. I don't need you. You must enter an English elementary school, and study English and basic science.
（こんな未発達な人なんて要らないよ。君は、イギリスの小学校に入って英語と理科の初歩を勉強しなさ

●ジェーン・ワイルドさんという方と結婚……　ホーキング博士は、同じケンブリッジ大学に通うジェーン・ワイルドと知り合い、23歳で結婚。3人の子供をもうけた後、離婚し、博士は53歳のとき看護師の女性と再婚した。

い。)

愛 だけど、「幸福かどうか」というのは大切なところではないですか。

綾 今のは、すごい"嫌な質問"だったわけですね?

哲 そうなんですよ。あなたは今、話をそらそうとしています。ここが大事なんです。

Dr. No, no. You are a bad person. So, I dislike you.
(いやいや。君は悪い人間だから、嫌いなんだよ。)

哲 (苦笑)好き嫌いや相性はありますけれども。いや、ここが、いちばん大事なところです。

綾 ご自身の今回の人生をふり返って、どう思われますか。奥さんやお子さんを含め、感謝できるところがたくさんあるのではないでしょうか。

Dr. Hmm? If you want to have a conversation with me, you need more than one hundred IQ, you know? You understand?

(ん？　私と会話したかったら、ＩＱ〈知能指数〉100以上は必要だからね。分かる？)

哲・綾　そうかもしれません。

Dr. You are under one hundred. You, too.

(〈斎藤を指して〉君は100以下だよ。〈綾織を指して〉君も。)

神ではなく、悪魔の存在は信じる？

哲　ただ、「神を信じる、信じない」のところについては、最後は科学では証明できないところがあります。あなたは76歳で死にましたが、その日はアルバート・アインシュタインの誕生日と同じだったらしいですよ。

3 ホーキング博士にとって「神」とは

Dr. （舌打ち）

哲 それは全然意味はないかもしれませんけれども（笑）、アインシュタイン博士は、神を信じていました。キリスト教の神ではありませんが、宇宙の法則をあらしめている神を信じていたのです。
　神を信じていたのは、ニュートンもそうです。そのように、本来は、目に見えないものを信じた上での科学だったんですよ。
　あなたは「頭脳がすべてだ」と言うけれども、その頭脳も、創ったのは神様ではないですか。あなたはブレインを創れるんですか。創れないではないですか。

Dr. （舌打ち）

哲 細胞一つ、人間は創れないではないですか。

Dr. Oh, I believe in God, the existence of God. Ah, no,

no, no. Devil.

（〈斎藤を指して〉ああ、神を、神の存在を信じるよ。ああ、違う違う違う、悪魔の存在をだ。）

哲　デビル……（苦笑）。

Dr.　Devil.
（悪魔だ。）

哲　一瞬ゴッドと言われましたが。

Dr.　No, no, no. Devil. Japanese devil. I discovered a Japanese devil.
（違う違う違う、悪魔だ。日本の悪魔だ。日本の悪魔を発見した。）

「科学ではない」として、信じることを拒む

哲　あなたは、スーパーブレインかもしれないし、有名

3 ホーキング博士にとって「神」とは

かもしれませんけれども、「考えることのできるもの」を創ることはできないではありませんか。

　科学というのは、「未知なるものの探究」ですよ。そういうスタンスなんです。

Dr.　（不愉快そうな表情で、質問者に向かってナイフを刺し、銃を撃つしぐさをする）

哲　私は科学者ではありませんが、そういう意味では、科学的な精神を持っています。幸福の科学は、科学的な精神に基づいているところもあるんです。ハッピー・サイエンスなんです。

Dr.　（両手をクロスさせ、バツ印をつくる）

哲　要するに、「目に見えない世界を探究する姿勢を持ってください」ということです。

Dr.　Delete him, delete him. Kill him.

（〈舌打ち〉こいつを消せ。削除しろ。こいつを殺せ。）

哲　（苦笑）

綾　先ほどの話に戻りますと、「神様を憎む」というのは、よくあることなのかもしれませんが、そうすると、「神様が存在している」ということは認められるわけですよね？

Dr.　No. No.
　　（いや。いや。）

綾　「憎む対象がある」ということですよね？

Dr.　……。

綾　神が存在しなければ、憎みたくても、憎めないですよね？　やはり、ご自身の大変な人生のなかで、神様に対して、いろいろな問いかけをされてきたと思う

3 ホーキング博士にとって「神」とは

んです。

Dr. （ため息）

綾　それに対する明確な答えはなかったと思いますが。

Dr. No one can see God.
（誰も神を見ることはできない。）

綾　そうですね。

愛　So, we believe in God.
（だから、私たちは神を信じるんです。）

Dr. "To believe" is not "to do science."
（「信じる」ことは、「科学する」ことじゃない。）

綾　ここは宗教ですので、今は「信じること」について、お話をさせていただいています。

4　宇宙人の存在は信じたくない

Dr. *Alien Invasion*. Can you believe?
（〈前掲書を手に取り〉宇宙人の侵略。信じられる？）

愛　We believe it. We believe it, so we can protect Earth. Do you believe in aliens?
（私たちは信じています。信じているから、地球を守れるんです。宇宙人の存在は信じますか。）

Dr. Maybe the book is regarding magic.
（魔法の本じゃないの？）

哲　でも、あなたは生前、生きているとき……。まあ、死んでいるんですけど。「今はまだ生きている」と思っているかもしれませんが。

Dr. He is not logical. Illogical! You are illogical.
（この人は論理的じゃない。非論理的だ！　君は非論

　　　　　　　　　　　　　　　4　宇宙人の存在は信じたくない

　理的だ。)

哲　ただ、あなたは生前、「宇宙人に対して脅威を感じる。
　　こうしたものとは戦わないほうがいい」というよう
　　なことを言っていましたよ。

Dr.　Of course. Of course. Of course.
　　（当然でしょう。当然。当然。）

哲　そうでしょう。ということは、目に見えない宇宙人
　　の存在を信じていたのではないですか。

Dr.　No, no, no, no. I cannot believe in them. If there were
　　aliens, we would already be conquered.
　　（いやいやいやいや。信じられないんだよ。宇宙人が
　　いるなら、われわれはとっくに征服されている。）

哲　宇宙人がいたら危ないということですか。

●宇宙人に対して脅威を感じる……　ホーキング博士は、2010年4月、アメリカのテレビ番組で、「宇宙人は存在するかもしれないが、コンタクトは避けるべき」と発言。世界中のマスコミがこれを報道し、一時期、話題になった。

Dr. You know, it's the level of science. If there were aliens and they can use UFOs, they can easily come here to this Earth. Their science will be superior to us, more than a thousand years, so they can easily conquer us within a week. They will perish us. Or, we might become, from humans, dogs or pigs or something like that. So, I don't want to believe in them.

(だからね、科学のレベルなんだよ。もし宇宙人がいてUFOを使えるとしたら、簡単にこの地球に来ることができるだろう。彼らの科学は、われわれより千年以上進んでいるから、われわれは1週間以内にたやすく征服され、消滅させられるだろう。あるいは、われわれは、人間から犬や豚みたいな存在になってしまうだろう。だから、信じたくない。)

綾 それだと、「信じたくないものは信じたくない」という理屈になりますよね？　また、事実とも違います。

4 宇宙人の存在は信じたくない

Dr. But no one can invite aliens and show them to the people of the world through TV or any other tools, YouTube, like that. It's very difficult even now.
（でも、宇宙人を呼んできて、テレビやユーチューブとかを通じて、世界中の人々に見せることができる人なんていない。そればかりは、現代でもすごく難しい。）

綾　ただ、たくさん……。

Dr. Fakes. There are a lot of fakes, I know.
（偽物だよ。偽物が多いのは分かってる。）

綾　……たくさん痕跡はありますし、証拠らしきものもたくさんあります。

Dr. You are believers. I am a scientist. So, our standpoints are quite different. If I convert myself and just believe in God, I need no efforts.

(君たちは信仰者で、私は科学者だから、立場が全然違うんだよ。もし私が回心(かいしん)して、ただ神を信じるだけなら、努力なんて要らない。)

5　病気と闘った人生をふり返って

自分の人生をアインシュタインと比べると、
神は不公平に思える

綾　また話が戻ってしまうのですが、やはり、「科学の話」というよりも、「あなたご自身の人生の問題」のような気がするのです。

Dr.　Ah, OK, OK, OK.
（ああ、なるほど。オーケー、オーケー。）

綾　ご病気になられたあと、神様に対して、祈るなど、いろいろなことをされた時期があったと思うんです。

Dr.　Could you define the divine nature of God? Goodness, fairness, love, mercy, freedom and helping others. These are not given to me.
（神が神である所以の性質を定義してもらえますか。

善、公平、愛、慈悲、自由、あるいは人助け。こういったものは私には与えられていない。)

綾　地上で生きていたときは、そう見えたかもしれません。

Dr.　I, myself, did my best. It's through my efforts, not my belief.
（私自身はベストを尽くしたんだ。信仰によってではなく、努力によって。）

綾　「神様はいないのではないか」と思えるような状況のなかで、これだけの仕事をされたのは、ものすごく神様に愛されていると思います。

Dr.　No. No.
（いや。違う。）

綾　人生において、神様や天使からいろいろな導きがあっ

たと思います。そして、大天才と言われるような物理学者が誕生して、世界中から尊敬され、亡くなれてからは、世界中から惜しむ声が出てきました。これは、神様の愛の表れの一つだと思うんです。

Dr. Umm.
（うーん。）

綾　肉体がなくなって、これから、「神様や、あなたを導いていた天使たちはどういう気持ちでいたのか」が分かってくると思います。それを求めようとして、今日ここにいらしたのではないですか。

Dr. For Einstein, there might be God because God permit him to make love affairs, but I am a disabled person. God's attitude is quite different, so I cannot believe in God. He is not fair. He is unfair.
（アインシュタインには神はいたかもしれない。神は、彼に浮気することを許したからね。でも、私は障害

者で、神の態度は全然違うから、神なんか信じられないね。神は公平じゃない。不公平だよ。)

綾　フェアかどうかというのは、これから明確に分かってくると思います。

Dr.　God should be blessing people, especially the people who are working for the happiness of the world. But your God wanted to perish me or curse me, I mean, so I cannot believe.
（神は、人を祝福しなければおかしい。世界の幸福のために仕事をしている人なら、なおさらだよ。でも、君が言う神は、私を消滅させようとしたというか、呪(のろ)おうとしていた。だから、信じられない。）

綾　そう思われる気持ちはよく分かります。

「ウェストミンスター寺院なんか助けにならない」という今の実感

哲　ただ、生前、ホーキング博士は、日本にもファンが多いですし、『ホーキング、宇宙を語る』という本は、全世界で1,000万部のベストセラーになりました。今、博士を偲(しの)ぶ声が全世界にあります。
　　私は、先ほどから、"強い気持ち"で接しているという失礼があったとは思いますので、ここで少し謝らせてください。

Dr.　Hmm.
　　（うん。）

哲　生前のご努力や才能、ホーキング博士のつくられた理論は、人類の大きな進歩・発展につながっているということは分かります。
　　さらに、車椅子で大変な人生を送られた、その生き様にも、私たちは感銘(かんめい)を受けるところが多々あり

ます。本当に頑張られ、偉大なる業績を遺されたというのは分かります。

　だからといって、死んで、すべてがなくなってしまうことはないのではないでしょうか。

　今までの努力や、さまざまな苦しみのなかから得た、経験という名の智慧は死後もなくならないように、私には感じられますけれども、いかがでしょうか。悲しみや苦しみのなかで得た気持ちや糧は、まだ覚えていらっしゃいますか。

Dr.　You are illogical, so...
　　（君は非論理的なので……。）

哲　もし覚えているなら、それは「なくなっていない」ということですよね？

Dr.　Your thinking method is quite different. You need to learn science or logic.
　　（君の考え方はすごく変わっている。科学や論理を学

ばないと。)

哲　私は宗教的に言っているんです。全部、科学的に考えるから、気持ちが伝わらないんです。

Dr.　I hate it, I hate it. Westminster Abbey cannot help me.
（宗教なんて嫌いだ。嫌いだ。ウェストミンスター寺院なんか私の助けにならないから。）

『旧約聖書』の神は、程度の低い人間のように見える

綾　神様は、地上から見ると、必ずしも論理的ではありません。「論理がつながらない」「特定の人に愛がない」ように見えることもあります。

Dr.　So, you don't need to believe him.
（だったら、神なんて信じる必要はない。）

綾　ただ、あなたの人生を通じて、いろいろな人が勇気

をもらっているんですよね。

Dr. Then, I am God. I am God.
（じゃあ、私が神だよ。私が神。）

綾 神ではないけれども、神のような仕事をされたのだと思います。これだけ不遇(ふぐう)のなかで、宇宙の秘密を解明するという「思索(しさく)」「思い」「努力」に、みんな感銘しているわけですよね。

Dr. Then, believe in me.
（なら、私を信じなさい。）

綾 私たちは、あなたを通じて、神様が創られた宇宙の不思議な仕組みを学んでいます。

Dr. God of the *Old Testament*—can he imagine the black hole? No. God—your God also—is an underdeveloped human being.

(『旧約聖書』の神に、ブラックホールなんて想像つく？ つかないよ。旧約の神も、君たちの神も、程度の低い人間なんだよ。)

愛　私たちが信じる神はエル・カンターレであり、地球神であり、宇宙神でもあります。私たちの信じる神様はブラックホールをも創られたのです。

Dr.　That sounds not-so-good.
（ちょっと嫌だね。）

ヘレン・ケラーと一緒にしてほしくない

愛　あなたは例えば、ヘレン・ケラーについてはどう思いますか。同じように、体が不自由な方でしたが、彼女は神様を信じていました。

Dr.　Helen Keller? Not so bad. Good person. Good person. I know about that. She was Helen Keller, but she was not more than Helen Keller. She could not research the universe, the process of making the universe and perishing the universe. So, we have a great difference, a distance.

（ヘレン・ケラー？　悪くないよ。いい人ですよ。いい人です。そのことは知っているけど、彼女はヘレン・ケラーであって、ヘレン・ケラー以上ではなかった。宇宙というか、宇宙の創造と消滅のプロセスなんて研究できなかった。私と彼女は全然違う。距離がある。）

愛　だけど、彼女は死んだあとも幸福なんですよ。あなた今、幸福ではないですよね？

Dr.　I don't know. I don't know about that.
（知らないよ。そんなこと知ったことじゃない。）

綾　ヘレン・ケラーは目の見えない方でしたが、生前、神の光を強く感じていました。神を求めていたので

す。そう言われています。

　ホーキング博士も、今日、神の光を求めていらっしゃったと思います。以前、あなたと関係のある魂の霊言を収録したことがあったので、そのご縁があって、エル・カンターレという神様に光を求めて、「これから、どう生きていったらいいのか」という答えを求めて、来られていると思うんです。

6　守護霊らしき存在とのコンタクト

背後にいる誰かが教えてくれる内容とは

Dr. You talked with aliens? Minor Centaurian? Minor Centaurian. Hmm… Is it me?
（〈前掲書をめくりながら〉君は宇宙人と話したの？　ケンタウルス・マイナー星人？　ケンタウルス・マイナー星人。うーん……。〈前掲書の挿絵①〔次頁参照〕を示しながら〉これ私なの？）

哲　ええ。あなた様（守護霊）のお姿です。

Dr. Me? Oh, no, no, no, no.
（私？　違う違う違う違う。）

哲　そのお姿には驚きました。

Dr. A picture book. You are believers, so of course it's

6 守護霊らしき存在とのコンタクト

挿絵① ホーキング博士の潜在意識のなかにいる「宇宙人の魂」は、霊言のなかで、「ケンタウルス・マイナー」と呼ばれる星から来たと語り、上記のイラストのような姿をしていると述べた。前掲『宇宙人による地球侵略はあるのか』第1章参照。

OK. There are a lot of believers, but I'm a scientist.
（絵本か。君たちは信者だから、当然けっこうですよ。宗教を信じる人は多いけど、私は科学者だから。）

綾 「その霊言が収録されたのは、ホーキング博士が科学者だから、というわけではない」ということが、今日少し分かりました。ご自身の人生計画とも関連していることが分かりました。

Dr. Someone, someone... As you said, someone behind me instructed me. There are parallel worlds. I belong to another world parallel to this world, he said so. But no one understands that world. This Ryuho Okawa can imagine this world with two faces. But I'm sure the theory of a parallel world is very difficult indeed. We need a brain.

（誰かが、誰かが……。君が言うように、私の背後にいる誰かが教えてくれたんだ。「並行宇宙〈パラレルワールド〉があって、この世界と並行している、も

う一つの世界に私は属している」と。そう言っていたけど、その世界を理解できる人は誰もいない。この大川隆法さんは、二つの面を持つ世界の想像がつくわけか。でも、並行宇宙論は実に難しいので、脳がないと駄目(だめ)だね。)

綾　そのアドバイスされる方の話を聴いてみると、今後が見えてくると思います。

Dr. He or they say that life means death and death means life. Very difficult.
（一人か、複数の人が、「生はすなわち死であり、死はすなわち生である」と言っている。とても難しい。）

綾　難しいですか。

Dr. This world is another world and another world is this world. Another world has two parts: a face and another aspect. Also, time, space and order. These three words have a secret. But this secret is very difficult to explain. It needs another science. Ah, I cannot explain who I am, what I am, where I am, or why I am. Oh, God, I don't know!

(「この世界」は即(そく)、「もう一つ別の世界」であり、「もう一つ別の世界」は即、「この世界」である。そして、もう一つの世界は、二つの部分に分かれていて、表面ともう一つの面がある。そして「時間」と「空間」と「順序」。これらの三つの言葉に秘密がある。しかし、この秘密は、説明するのが非常に難しい。「もう一つの科学」が必要だと。

　ああ、私は誰なのか、何者なのか、どこにいるのか、なぜ存在しているのか、説明できません。

　〈上を見上げて〉おお、神よ、分かりません！)

愛　So, you need new science. You need new science, Happy Science.

(だから、新しい科学が必要なんです。新しい科学、幸福の科学が必要なんです。)

6 守護霊らしき存在とのコンタクト

Dr. Happy Science! Happy Science is…
（幸福の科学！〈笑〉　幸福の科学って……。）

綾　This is another, real science.
（これこそ、もう一つの、本物の科学です。）

Dr. Infant science.
（幼稚な科学だよ。）

綾　あなたが、これから研究される内容は、その新しい科学だと思います。

Dr. No, no.
（違う。違う。）

哲　ぜひ解明してください。

Dr. I want to be an enemy of yours. Hahahahaha.
（君たちの敵になってやるよ。ハハハハハ。）

映画「宇宙の法」で描かれることを嫌がっている?

愛　後ろには、どういう方が見えますか。

Dr.　You want to...
（〈挿絵①を指して〉君たちは……。）

哲　あっ、後ろの人はこの方ですか。

Dr.　...draw this? Is it God, devil or me?
（……こんなのを描きたいのね？　これは神か、悪魔か、それとも私なのか。）

愛　Alien. He is inside of you.
（宇宙人です。彼は、あなたの内にいるんです。）

綾　魂の兄弟……。

哲　これはですね、あの、"ご自身"です。

Dr. Oh! But he is free. He has freedom.
(おお！ だが、彼は自由だね。彼には自由がある。)

哲　いや、ご自身と関係のある宇宙的な意識です。

綾　とりあえずこの方のアドバイスに従って、今後過ごされるのがよいと思います。

Dr. He said, "El Cantare is a very violent, evil and gigantic spirit."
(彼が言うには、「エル・カンターレは、非常に暴力的で邪悪（じゃあく）で巨大な霊である」と。)

綾　ちょっと違いますけれども（苦笑）。
　エル・カンターレという神様が今、地上に肉体を持たれているわけですけれども、その方の肉体に入られた感覚は、真っ暗な世界にいたときの感覚とは違うと思います。少し、救われた感覚があるのではないでしょうか。

Dr. Umm... I don't know about El Cantare.
（うーん。エル・カンターレなんて知らないね。）

愛 後ろの方は、分かっていらっしゃるんでしょう？

Dr. He says it's an enemy.
（彼は「敵だ」と言っているけど。）

綾 その方が、あなたをここに連れてこられたのではないんですか。「行ったほうがいい」と。

Dr. He says you are planning to make a new film, *The Laws of the Universe*? This year? In that picture, you want to draw me as an evil alien god or something like that. This intention is a very bad one. You need reflection, he said.
（彼が言うには、君たちは新しい映画をつくろうとしていると。「宇宙の法」？　今年？　「その映画で、私のことを、邪悪な宇宙人の神のように描こうとし

ている。ひどい悪意が込められている。君たちは反省が必要だ」と彼は言っている。)

綾　(苦笑)そのへんは、たぶん違うと思います。

エル・カンターレの偉大さを感じ始める!?

綾　ホーキング博士は、これから、その方のお導きを得て、あるいは、ほかにもたくさんの方に導かれて、光の世界に旅立っていくのではないかと思います。

Dr.　El Cantare. English people don't know about El Cantare.
　　(〈ため息〉エル・カンターレねえ。イギリス人はエル・

●「宇宙の法」……　映画「宇宙の法―黎明編―」
(製作総指揮・大川隆法／2018年10月12日、日米同時公開)のこと。

カンターレなんて知らないので。)

愛　地球で、5億から10億人ぐらいは知っている名前です。もっと知らせていきます。

哲　今まで秘されていた名前ですが、これから、全世界にもっともっと広がっていくお名前です。新しい神の名前です。

Dr.　Yahweh?
　　（ヤハウェ？）

哲　よく覚えていただければと思います。

Dr.　Yahweh?
　　（ヤハウェ？）

哲　エル・カンターレです。

6 守護霊らしき存在とのコンタクト

Dr. Buddha? El Cantare?
(仏陀？ エル・カンターレ？)

哲　はい。

Dr. El Cantare.
(エル・カンターレ。)

哲　「エル・カンターレ」と、何度もしゃべっていると、だんだん意識がはっきりしてくるかもしれません。

Dr. El Cantare.
(エル・カンターレ。)

哲　「エル・カンターレ」「エル・カンターレ」と、少しやってみてください。

Dr. I just feel El Cantare has some concept about the structure of the universe and the reincarnation of

105

the universe. And he has a key to open the secrets of time, space, universe and the history of space people. It's just my intuition. There come such kind of inspirations, but I don't know about El Cantare. Nothing. I know nothing about him.

(ただ、「エル・カンターレが、宇宙の構造と宇宙の転生輪廻について何らかの概念を持っている」ということは感じる。エル・カンターレが「時間」「空間」「宇宙」「宇宙人の歴史」の秘密を解く鍵を握っている。あくまで直感だけど、そんなようなインスピレーションが来る。でも、エル・カンターレのことは私には分からない。全然。全然分からない。)

綾　今後、その探究をされるのが、いちばんいい過ごし方というか、あの世での人生だと思います。

Dr.　Am I an alien?
（私は宇宙人なんですか。）

6 守護霊らしき存在とのコンタクト

哲　あなたはホーキング博士で、エイリアンのほうは、あなたと関係のある、親しい方です。

Dr.　Only 100 people can read this book in the U.K. I see Churchill, Churchill, Churchill. Mother Teresa.
（〈前掲書をめくりながら〉イギリスでこの本を読めるのは、百人だけかな。〈巻末にある他の霊言集の表紙画像を見て〉チャーチルだ。チャーチル、チャーチル。マザー・テレサもある。）

哲　関心があられますか。読みたくなってこられましたか。

Dr.　No.
（いや。）

哲　（苦笑）関心を持つのは大事です。

107

「よい宇宙人として描いてほしい」と改めて要望

哲 エル・カンターレが教えてくださる宇宙論もあります。生前、「ホーキング放射」という説を提唱されたブラックホールの権威に言うのも何ですけれども、大川隆法総裁、主エル・カンターレは、ブラックホールを、星の転生輪廻という現象で説明されています。

　リインカーネーションでクルクル回っていて、「ブラックホールは星の死である」と教えていただいています。科学的には証明できていませんが、大川総裁は、こうした、生成と消滅の回転連鎖という宇宙の姿を見ておられる方です。

　ですから、あなたが、この幸福の科学の理論を学んだときには、新しい宇宙観や世界観を学ぶ機会を得ることができます。

Dr. I cannot understand what you want to say, but in your new film, *The Laws of the Universe*, if you want

---

●星の転生輪廻　星は、人霊を超えた巨大な意識が宿る「生命体」であり、死を迎えると、小さな点に収縮していく（ブラックホール化）。これが核となり、次の新しい星が誕生していく。『ユートピアの原理』『アトランティス文明・ピラミッドパワーの秘密を探る』（幸福の科学出版刊）参照。

6 守護霊らしき存在とのコンタクト

to depict me as a bad alien, please change it into a good spiritual angel of the universe. Please, please, please.

（何を言いたいのか分からないけど、君たちの新しい映画「宇宙の法」で、私を悪い宇宙人として描こうと思っているなら、「宇宙の善なる霊的な天使」に変えてください。頼みますよ。）

愛　どういう考えを持つ、いい宇宙人がいいですか。

Dr.　A good alien who wants to kill bad people.
（悪いやつらを殺そうとする、よい宇宙人。）

愛　Who are bad people?
（悪いやつらとは誰ですか。）

Dr.　You. Believers.
（君たち、信仰者。）

綾　それはよろしくないです。

Dr.　To change believers into scientists. It's important now.
　　（信仰者を科学者に変える。それが今、大事なことだ。）

平行線をたどる「科学に対する見解」

愛　We are scientists of happiness.
　　（私たちは、幸福を科学する者です。）

Dr.　Your science is quite different from my science. No. You are just believers. You believe. "To believe" and "to study science" are quite different.
　　（君たちの科学は、私の科学とは全然別物だよ。違う。君たちは、ただの信仰者だ。信じる人。信じることと、科学を研究することは、まったく違う。）

愛　いや、だけど、信じないと始まらない科学というの

があるんです。それが新しい科学です。

Dr. It's God of the *Old Testament*.
(それは旧約の神だ。)

愛 いや、それが新しい神様の新しい科学なんです。あなたのは、もう旧(ふる)い科学になります。

Dr. Umm... Why do you say so?
(うーん、なんでそんなことを言うんだよ。〈舌打ち〉)

哲 (苦笑)世界的権威に言うのも、なかなか、あれですけれども……。

Dr. From my standpoint, even Einstein is an elementary school boy, you know? Newton, he's an ancient person, an "agricultural age" person. I am the top-runner scientist, you know?
(私の立場からすれば、アインシュタインでさえ小学

生です。分かる？　ニュートンなんて古代人で、農耕時代の人間ですよ。私が最先端の科学者なんです。分かる？）

愛　だけど、なぜ人が生まれ、なぜ人が死に、なぜ今あなたがいるのかは解明できない……。

Dr. It's medical science. Medical science.
（それは医学だ。医学。）

愛　彼ら（医者）は知っていると？

Dr. They should know about that.
（そういうことは彼らが知っているはずだ。）

綾　先ほど、「エル・カンターレという存在が、宇宙の秘密を握っている」と感じられたわけですよね？

Dr. A little.

（〈うなずいて〉ちょっとね。）

綾 「これが、宇宙を創られた存在かもしれない。何かにかかわっている可能性がある」と感じられたわけですよね？

Dr. But the difference is very small. If El Cantare is God, I'm next to him or almost the same.
（でも、違いはほんの少しだよ。エル・カンターレが神なら、私は、エル・カンターレに次ぐ存在か、同じような存在だ。）

綾 そこは、いろいろと言いたいことはありますけれども……。やはり、宇宙の秘密の探究を、これからされるのがいいのではないでしょうか。

哲 ニュートンも生前、すごい、新しい理論を考えましたけれども。

Dr. Have you met Newton?
（ニュートンに会ったことがあるの？）

哲　私はニュートンではないんですけど。

Dr. No, no, no. Have you met Newton? Do you know Newton?
（〈笑〉いやいや、そうじゃなくて、ニュートンに会ったの？　ニュートンを知ってるの？）

哲　いやいや、ニュートンじゃないです。

Dr. No, no, no, no. You cannot understand English. Do you know Newton? Is he your friend?
（違う違う違う違う。君は英語が分かってない。君はニュートンを知ってるのか？　友達か？）

哲　あっ、尊敬している方であります。はい。

6　守護霊らしき存在とのコンタクト

Dr. Your parent?
（親か？）

哲　いや、ペアレントではないです。
　　あの、精神的な態度として推奨させていただきたいことがあります。ニュートンは、すごい認識力がありましたけれども、「私は、大海を前に浜辺で小石を見つけ、遊んでいる者にしかすぎない」というようなことを言っています。そのような謙虚な姿勢を持っていたのです。

Dr. Newton. Mr. Newton is an occultist. He is an occultist. He's an occultist, not a real scientist. False scientist.
（ニュートンか。ニュートン君はオカルティストだ。オカルティストなんだ。オカルティストであって、本物の科学者じゃない。エセ科学者だ。）

哲　いや、ニュートンは、魔術師的な面もありましたけ

れども、科学者です。ですから、そういう謙虚な気持ちを持たれたらいかがかなと、われわれは思っております。

まだ死後の生命を信じられない

Dr. But the conclusion! I want to know the conclusion. Am I alive or not?
（だけど、「結論」だよ！　「結論」が知りたい。私は生きているのかどうか。）

愛　You are alive, but also dead.
（生きているけど、死んでいるんです。）

Dr. No brain, but alive? Oh, it's difficult to understand!
（脳がないのに生きているって？　おお、理解しがたい！）

愛　さっき、後ろにいる人が「死即生、生即死」と言わ

6　守護霊らしき存在とのコンタクト

れたと思いますが、それが真実です。

綾　その方が、今いろいろとアドバイスされようとしています。「死んでいるけど、生きている」ということを一生懸命説得されているんです。まずはそれを聴いて、「なるほどな。本当かもしれない」と思って、その先に進んでみる。それが今の答えだと思うんです。

哲　あなたは先ほど、「時間や空間、宇宙や歴史、さまざまなものの秘密を解く鍵を握っているのは、エル・カンターレという存在かもしれない」とおっしゃっていましたが、そのとおりだと思います。

Dr.　Is it Hawking?
　　（〈挿絵①を指して〉これ、ホーキングなの？）

哲　はい、それは、あなた自身です。

綾　とりあえず、あなたにアクセスできるのは、その方ぐらいのようです。

Dr.　Alien, alien, alien.
　　（宇宙人。宇宙人。宇宙人か。）

愛　ほかにも、先生役の人が、そばにいらっしゃるかもしれません。

Dr.　What's this? A bear? Teddy bear! Universal teddy bear?
　　（〈前掲書の別の挿絵②〔下図参照〕を指して〉何これ？ 熊？　テディ・ベアだ。宇宙テディ・ベアかな。）

挿絵②　前掲『宇宙人による地球侵略はあるのか』第2章に掲載されている「アンドロメダ銀河の総司令官」の想像図。ケンタウルス・マイナー星人が「宇宙人が攻めてくる」と語ったため、検証すべく、かつてアンドロメダ銀河で、悪質宇宙人の侵略等から星々を守るため戦っていた宇宙人の霊言を収録し、第2章に収めた。

6 守護霊らしき存在とのコンタクト

愛 その方も先生として来てくれるかもしれません。

綾 もしかしたら、力を貸してくれるかもしれません。

愛 彼なら、あなたが知りたい秘密について教えてくれると思いますよ。

Dr. Universal Hawking?
（〈挿絵①を指して〉これは宇宙的なホーキング？）

哲 その方は宇宙的な科学者です。ケンタウルス・マイナー星で数学の教師をされていたようです。知りうるところによれば。

Dr. （ため息）

哲 ただ、未知なるものを探究する心を持っていただければと思います。そういう気持ちを持つと、違うシナリオがスタートします。

綾　後ろにいる方は、今後のことについて、ほかに何かおっしゃっていませんでしょうか。

Dr.　But I cannot believe in the next life.
（〈約10秒間の沈黙〉でも、死後の生命なんて信じられない。）

哲　"I can believe in the next life"? Oh!
（「死後の生命を信じられる」と。おお！）

Dr.　Your poor English. I *cannot* believe in the next life. Can you understand?
（君は英語ができないね。死後の生命は信じられないと言ったんだ。分かる？）

哲　失礼しました。

愛　Please study about the next life.
（死後の生命について学んでください。）

6 守護霊らしき存在とのコンタクト

Dr. It's not science.
(それは科学じゃないよ。)

愛 It can be science.
(科学になりえます。)

7 「自由になりハッピー」と語る
　ホーキング博士の霊

暗闇(くらやみ)にいるけど、ハッピーだから天国？

綾　その方は、アドバイスとして、「学んだほうがいい」と言われていませんか。

Dr.　No, no, no.
　　（いやいやいや。）

哲　「学んだほうがいい」と絶対言っているはずですよ。

綾　ここに連れてきたわけですよね？

Dr.　No, no, no. He says that this is quite a dangerous place. "Please escape as soon as possible," he says so. I was kidnapped from England.
　　（いやいやいや。彼が言うには、ここはすごく危ない

7 「自由になりハッピー」と語るホーキング博士の霊

ところだと。「できるだけ早く逃げてください。イギリスから、さらわれて来たんだ」と言っている。)

綾　では、後ろの方にも言いますけれども、もしこのままだと、ずっと暗い世界に居続けて……。

Dr.　It's OK! The universe is black.
（大丈夫だよ。宇宙は真っ暗なので。）

綾　アドバイスしてくださる方も、一緒にその暗い世界で過ごさなければならなくなります。

Dr.　It's OK. It's OK. It's OK.
（いいよ。いいよ。大丈夫。）

綾　真っ暗です。どんどん寒くなります。

Dr.　It's the universe, itself.
（それこそ宇宙なんだ。）

綾　かつ、どんどん苦しくなります。

Dr.　I have already been suffering from my illness. So, I am now free. I am free. I am free. I am happy now.
（もう病気で苦しんだよ。そう、私は今、自由になったんだ。自由だ。自由だ。今はハッピーだ。）

綾　肉体の苦しみとはまた違います。魂(たましい)の苦しみが出てきます。

Dr.　Death is the liberation... Ah, death is the freedom from suffering, for me.
（死とは解放……、いや、私にとって死とは、苦しみからの自由だね。）

綾　そういう自由を感じているわけですね。

Dr.　So, if you say that I am in the world of darkness, this dark world is heaven. Because I am happy. I'm free!

7 「自由になりハッピー」と語るホーキング博士の霊

（私が暗闇の世界にいるって言うなら、この暗闇の世界が天国なんだ。だって、ハッピーなんだから。私は自由だ！）

綾 「肉体を脱ぎ去った自由を感じられている」ということは分かりましたけれども、このあと、また地上を去っていく世界は、「苦しみの世界」になってしまいますよ。

Dr. I don't need any El Cantare.
（エル・カンターレなんて全然必要ない。）

愛 でも、今ここで救われたから、「自由だ」と言っているのではありませんか。ここに来るまでは、暗いなかで、じっと過ごされていたんでしょう？

Dr. I don't know if I have a real body or not. But I'm not suffering, so I'm happy. Happier.
（私に本当の体があるのかないのかは分からないけ

ど、苦しくないよ。だから幸せだよ。より幸せだよ。)

哲　今、肉体を離れて、霊となり、自由を得られました。しゃべれる自由を得られましたけれども、次なる自由も待っています。次の段階の自由もありますから、それを選んでください。私たちは、要するに、そういう話をしているのです。

　亡くなられて寺院に埋葬(まいそう)されました。しかし、霊的な体はあります。しゃべれます。自由になっています。さらに次の自由が待っています。ここは、そういう"控(ひか)えの間"なんです。

Dr.　But why are you Japanese?
　　（でも、なんで君たちは日本人なの？）

哲　ジャパニーズ？　なんで？

Dr.　Why are you Japanese? Japanese people? You are Japanese people, right?

（なんで君たちは日本人なの？　日本人？　日本人でしょう？）

愛　イギリス人がよかったということですか。

Dr.　If I died, I must be in England. So, I cannot believe. You are Japanese? Then, I'm dreaming.
（死んだなら、イギリスにいるはずだ。だから、信じられない。君たちが日本人だということは、これは夢だ。）

綾　元に戻ってしまったんですけれども（苦笑）。

ホーキング博士にとって希望とは

哲　今後の話をしましょう。前向きに、積極的になりましょう。時間もなくなってきましたから。

綾　科学は置いておいて。

確かに、人生において、苦しみやつらい経験をたくさんされたと思いますが、それを含めて、神様は、あなたの人生すべてを受け止めていたのだということを、まずは感じてほしいのです。

Dr. No, no.
（いやいや。）

綾　全部受け止めています。

Dr. No.
（ノー。）

綾　そして、あなたの人生が、世界の人々に勇気を与えているのは間違いないので、神様は「頑張った。よくやった」と言われていると思います。それを感じていただいて、そこから、さらに「神様はどういう思いなのかな」ということを探究していくと、もっともっと幸せな気持ちになると思うんです。

7 「自由になりハッピー」と語るホーキング博士の霊

哲　もし、あなたが難病にかからなかったら、こうした人生は送らなかったはずです。筆舌(ひつぜつ)に尽くしがたい苦しみと闘(たたか)い抜き、乗り越えた力というのは、全世界の人が見ていますし、多くの人が尊敬の念を出しています。また、あなたが提唱された「ホーキング放射」という理論などは、宇宙を解明する大きな力になっています。

　ですから、神様は、あなた様を通じて、いろいろな人に勇気を与えたりしているんです。あなた自身はそれを感じないかもしれませんが、われわれは感じています。

Dr.　Liar.
　（嘘(うそ)つき。）

綾　いえ、そのとおりだと思います。やはり神様の思いが、世界の人々の尊敬の思いにかぶさって伝わってくると思います。

哲　あなたを愛しているという気持ちが、全世界から来ませんか。

Dr.　Ah, I hate him.
（〈手を振って、「あっちへ行け」というしぐさをしながら〉ああ、彼は嫌いだ。）

磯　Dr. Hawking, may I ask you one question? I respect you so much.
（ホーキング博士、一つお伺いしてもよろしいでしょうか。私はあなたを大変尊敬しています。）

Dr.　Thank you.
（ありがとう。）

磯　Very much.
（本当にです。）

Dr.　Thank you.

7 「自由になりハッピー」と語るホーキング博士の霊

（ありがとう。）

磯　While you were alive, you said, "However bad life may seem, there is always something you can do and succeed at. While there is life, there is hope." So to you, what is hope?

（ご生前、あなたはこうおっしゃいました。「どんなにひどい人生に見えても、何かできることや成功することは必ずある。命あるかぎり希望はある」と。そこで、あなたにとって、希望とは何でしょうか。）

Dr.　OK. Death is happiness. The world is in the darkness. The dark world is real. There is no light here. In this dark world, you must be a scientist. It's your hope. Hmm.

（オーケー。死とは幸福である。世界は闇のなかにある。闇の世界こそ真実である。ここに光はない。この闇の世界では、人は科学者でなければならない。それが希望である。うん。）

あえて言うなら、『旧約聖書』のヨブに似ている

愛　Are you happy?
（あなたは幸せですか。）

Dr.　I'm happy, I'm happy. I have freedom of activity now. I'm happy because of my good deeds regarding scientific activities. So, I must be... If you want to seek someone who resembles me, I'm Job of the *Old Testament*. You pronounce it Yob. Understand? Your poor English cannot hear my Job.
（幸せですよ。幸せです。私は今、自由に動けるんです。幸せですよ。科学の分野でいい仕事をしたのでね。私はきっと……、君たちが私に似ている人を探したいなら、私は『旧約聖書』のジョブです。君たちの発音では「ヨブ」だけど、分かりますか。英語が下手だから、私が「ジョブ」と言っても聞き取れないでしょう。）

7 「自由になりハッピー」と語るホーキング博士の霊

哲　うん？

愛　義人(ぎじん)ヨブ。

哲　義人ヨブ？　そうですか。

Dr.　Hahahahaha. OK, OK. You are Japanese. Bye-bye, bye-bye, bye-bye! No problem. OK.
（ハハハハハ。いいよ。いいよ。君たちは日本人なんだから。バイバイ。バイバイ。バイバイ！　問題ない。大丈夫。）

愛　『旧約聖書』がすごく好きなんですか。

Dr.　It's knowledge. It's knowledge about the human race. It's a history.
（知識ですよ。人類についての知識です。歴史です。）

綾　（過去世は）ヨブご自身だったりするんですか。

哲　そうだ。義人ヨブは、苦しみのなかで試されました。

Dr.　He seemed to be like Dr. Hawking.
（彼は、ホーキング博士のようだった。）

綾　Are you Job himself?
（あなたがヨブご自身ですか。）

Dr.　Job is... How do you say, bullying? Bullying by God, at the time. This time, Job also got a lot of bullying from God, but he escaped from this bullying and lived through a lot of difficulties and discovered a lot of theories.
（ヨブは……。〈ため息〉何と言うか、いじめ？ "神のいじめ" だね、あのときは。今回も "ヨブ" は、神からさんざんいじめられたけど、いじめから逃れて多くの困難のなかを生き抜き、たくさんの理論を発見した。）

綾　ということは、「あなたは、今回の人生の意味を、実はご存じだ」ということですよね？

Dr.　If I believed in Christianity, I'd think like that. I don't believe in Christianity, but I was treated as a saint of Christianity, like Newton or Einstein. So… Einstein is Jewish? I don't know.
（私がキリスト教の信者なら、そう考えただろうね。だけど、私はキリスト教を信じていない。それでも、私は、ニュートンやアインシュタイン同様、キリスト教の聖人のような扱いを受けた。だから……。アインシュタインはユダヤ人だったか。知らないけど。）

哲　ユダヤ人です。最終的には、ユダヤ系アメリカ人となりましたが。

Dr.　But if I'm going to disappoint a lot of people in the world, I must show something that I believe in. I'm a poor believer of God, but if God created me and permitted me to live this life, I must be Job of the *Old Testament*.

（でも、私が世界中の多くの人たちをがっかりさせてしまいそうなら、何か、信じているものを見せないとね。私は神への信仰が薄い者だけど、神が私を創って、この人生を生きることを許されたのなら、私はきっと『旧約聖書』のヨブでしょう。）

霊言中に、大きな光が近づいてくる

綾　そうなると、このあとの選択は一つですよね？

Dr.　Hmm?
　　（ん？）

綾　信仰の部分です。「この人生を通して、最後、何を信じるのか」というところが、問われているわけですよね？

7 「自由になりハッピー」と語るホーキング博士の霊

Dr. I'm in a dark world, but some kind of light, a great light is coming toward me, I feel so. Is this the light of a savior or not, I'm not sure. I'm not sure, but some great light is coming and wants to contact me. I don't have the words especially to illustrate this meaning or... Oh, God! Devil! Earth! Brain! Truth! Oh, good-bye.

（暗い世界にいるけど、光のようなものが、大きな光が近づいてくるような感じがする。これが救世主の光かどうかは分からない。はっきりしない。ただ、何か、大きな光が近づいてきて、私にコンタクトしようとしている。私は、その意味を説明する言葉を特に持ち合わせていないけど……。
〈上を見上げて〉ああ、神よ！　悪魔よ！　地球よ！　脳よ！　真理よ！　ああ、さらば。）

綾　その光の方向に、ぜひ進んでいただければと思います。そこに答えがあると思います。

Dr. No one can believe that Dr. Hawking came to Japan and talked with Japanese not-so-clever people.
（ホーキング博士が日本に来て、たいして頭がよくない日本人たちと話をしたなんて、信じる人はいないよ。）

綾 霊言は世界中で読まれています。大丈夫です。まずはご自身のことを考えてください。光を感じられているのであれば、もうすぐです。

Dr. OK, OK. I don't know exactly, but I feel something from your Master Ryuho Okawa. I guarantee he's a not-so-bad person. He is kind and warm-hearted. He has a warm heart. I think so. But I'm not a believer, so I need more time.
（オーケー、オーケー。よくは分からないけど、君たちの大川隆法総裁から何か感じるものはあるよ。悪い人ではないことは保証します。親切で、温かい人です。心が温かい人ですね。でも、私は信仰者ではないので、もっと時間が必要なんです。）

8　ホーキング博士の"未来予測"

磯　Dr. Hawking, could you give us a message, especially for the future scientists?
（ホーキング博士、よろしければ、私たちに、特に未来の科学者に対してメッセージを頂けますでしょうか。）

Dr.　A message? Ah, within 1,000 years, the future humankind will perish. If you don't want such kind of future, please escape from Earth to another planet. Exodus, New Exodus is essential for you. You will get 10 billion people or more than 10 billion people, so at that time, you will kill each other through a lot of wars. If the existence of aliens is true, you will be perished by them. So, please search for another world, I mean another planet where you can live on. I predict that you can live in this world for at least 1,000 years more. So, rocket science and UFO science are essential for the scientists of today.

（メッセージですか。ああ、千年以内に、未来の人類は滅びるでしょう。そうした未来を望まないなら、地球からほかの惑星に逃げてください。エクソダス〈出エジプト、脱出〉、新たなエクソダスがぜひ必要です。人口は百億かそれ以上になるでしょう。そうなると、多くの戦争が起きて、人々は殺し合うことになるでしょう。そして、もし宇宙人の存在が事実なら、あなたがたは、宇宙人によって滅ぼされるでしょう。ですから、ほかの世界、つまり居住可能なほかの惑星を探してください。私の予測では、少なくともあと千年はこの世界で生きていけるでしょう。ですから、今日の科学者には、ロケット科学やＵＦＯ科学が必要不可欠です。）

綾　そういう未来ではないものを、私たちはつくり出していきたいと思います。

Dr. If your prediction is true, you'll... [sighs] need

another Exodus from Earth. Aliens! Please fear aliens.

（あなたがたの予測が正しければ……、〈ため息〉地球からの新たなエクソダスが必要になるでしょう。宇宙人です！　どうか宇宙人を恐れてください。）

綾　（苦笑）

Thank you very much. Please think about yourself.

（本当にありがとうございます。ぜひ、ご自分のことをお考えになってください。）

Dr.　Myself?

（自分のことですか。）

綾　Yeah, save yourself.

（そうです。ご自分を救ってください。）

Dr.　Am I alive or not? Please teach me.

（私は生きているのか、いないのか。教えてくれませ

んか。)

磯　You are alive.
（あなたは生きていますよ。）

Dr.　Alive? Oh. Living dead. Oh, OK! That's the conclusion. OK. I'm the living dead. OK, OK.
（生きている？　生ける屍か。そうか、それが結論だ。そうだ。私は生ける屍だ。オーケー、オーケー。）

綾　Thank you very much for coming today.
（本日はお越しくださり、まことにありがとうございました。）

哲　まことにありがとうございました。

Dr.　You are a good person. Bye-bye!
（君はいい人だ。バイバイ！）

哲　（笑）

綾　Please save yourself.

　（どうか、ご自分を救ってください。）

9　ホーキング博士の霊言を終えて

「科学者に対する教訓」となる今回の霊言

大川隆法　（手を3回叩（たた）く）というようなことで、どうしようもありません。もう"禅問答（ぜんもんどう）"です。科学者として、上になればなるほどこうなって、もう無理なのではないでしょうか。

　視野が狭（せま）くなっているので、「これ以外の世界はあるかもしれないが、自分は関知しない世界であるため、否定はしないものの、信じない」というわけです。おそらく、そうでしょう。

　ただ、それでも、霊言がないよりは、あったほうがいいでしょう。要するに、「ホーキング博士はまだ、自分の死やあの世を自覚できていない。神とは何かが分からない」という現実を示すことは、科学者に対する教訓にはなると思うのです。

　「体が不自由だったため、神様に愛されている感じがそんなにしなかった」ということが、結局、信仰心をそん

なに持てない理由なのでしょう。

「自分は21歳で難病になり、76歳まで生きて研究を続けたけれども、なぜこんなに苦しまなければいけなかったのか。なかなか納得がいかない」「神様は、アインシュタインに愛人を得る自由をお許しになったかもしれないけれども、自分にはそんな自由はなかった。不公平だ。だから、彼と考えが違っていてもおかしくはない」と考えているようです。

今後、宗教的悟りを得ることを祈りたい

大川隆法　未来に関しては、「もし、あなたがたが言うようにエイリアンがいるとしたら、もう逃げるが勝ちだ。勝てるわけがないから、早く、ほかの星に逃げる準備をしたほうがいい。そういう意味での、ロケット科学やUFO科学は急がないといけない。千年以上、地球人が生き延びられるとは思えない」というようなことでした。

「もし、そういうのがなかったとしても、地球が百億人を超える人口を持ったら、人類は戦争をして互いに殺し

合うだろう。先は暗いだろう」というようなことでした。

さらに、「自分が見える世界は、真っ暗な世界である。しかし、宇宙もそうだ。宇宙も、星がチョッチョッとあるだけで真っ暗である。だから、これはブラックホールの世界でもあろうが、おかしいとは思っていない。

ただ、もし、あなたが言うように死んだのだとしても、今、"肉体の自由"を得て、体が動くから、そういう意味ではすごくハッピーだ。苦しみから解放された。科学者としての努力が認められて、"肉体的な自由"が今許され、ハッピーになったということは、私の仕事はそんなに悪くはなかったのだろう。

もし、あなたがたが言うように、神がいて、神に仕える天使や神近き人がいるなら、あえて言うと、私はどうせ『旧約聖書』のヨブのような存在だろう」というようなことを言っていました。

ヨブは、神様からありとあらゆる災難を受け、いろいろな病気をしたりしながら、信仰を失うか失わないかを試されました。

神様が「ヨブは義人である。絶対に信仰を失わない」

というように言ったので、悪魔が「では、私がありとあらゆる災難を彼に及ぼして、それでも神を信じるかどうかを試してみましょう」というように言って、神様と契約し、ヨブを試したのです。

そして、信仰深きヨブは、だんだん疑うようになっていき、最後、神からの諭しの言葉があり、「あなたは宇宙の始まりと終わりを知っているのか。この世界の成り立ちを分かっているのか。神のはかりごとが分かっているのか。何も分かっていないのに、自分の身に起きたことぐらいで、神の善悪や存在について、あれこれ言うなかれ」というように説教されるのです。

このあたりは、確かに、ホーキング博士に近いものはあるかと思います。現代のホーキングは、義人ヨブのような感じで理解されるようになるかもしれません。ＡＬＳという難病にかかりながら、宇宙の解明に貢献しましたからね。彼の理論は、全部かどうかは知りませんが、「ある程度、正しい」ということは証明されているようです。

ただ、私はビッグバンの前に遡って語ることができるので、「このへんはどうなりますか」というところはあり

ます。

　まあ、いずれ、宗教的悟りも得て、宇宙時代について、いろいろな予言をしてくれるような方に変わってくださることを祈りたいと思います。

　なお、ホーキング博士の指導霊、あるいは魂(たましい)の一部分と思われる、先ほどの宇宙人は、この秋上映の「宇宙の法─黎明編(れいめいへん)─」に、関係があるものとして出てくる可能性があります。

　彼は「嫌(いや)だ。変えてくれ」と言っていますが、「乞(こ)うご期待」と、世界的にアナウンスしておきたいと思います。

　こんなところでいいでしょうか。

斎藤　はい。

偉人になる素質のあるホーキング博士

大川隆法　今日は、まあ、無理だろうと思っていました。

　7年前に一度付き合いがあり、本まで出しています。そういうツテがあったので、来たわけです。逆に言えば、

行くところがないのでしょう。やはり、英国国教会ではどうにもならないのでしょう。

綾織 はい。そうですね。

大川隆法 「ニュートンが眠っているウェストミンスター寺院に葬られて、人々から惜しまれたところで、彼自身にとっては何にもならない」ということでしょう？

綾織 そうですね。

大川隆法 「何にもならないということで、東京まで来なければいけなかった。しかし、なぜ来ることができたのかは自分でも分からない」と、まあ、こういうことですね。
　幸福の科学の宗務本部の職員が、新聞に載っているホーキング博士の写真に必死になって付箋を貼り続け、「3週間たって、もう大丈夫か」と思っていたところ、やはり、やって来てしまいました。

●**写真に必死になって付箋を……**　高度な霊能力を有するため、亡くなった人の顔写真などを見て意識が同通すると、その人の霊がやって来てしまうことがある。それを防ぐためのもの。

ただ、3週間のあいだに、あの世の感覚を少しは味わっているので、死んですぐよりは、よかったかもしれません。「感触として、少し違うことだけは分かっている」ような感じはしました。

　ですから、「生きているのか、死んでいるのかがよく分からない。The living dead（生ける屍）だ」と言っていたわけです。ホラー映画の題名のようですけど、これはゾンビのことですね。

　彼は、「生きている死者という感じかな」と言っていましたが、そのとおりでしょう。生きているけれども、死者であるわけです。

　ただ、これは「ゾンビ」と翻訳されますが、実際のところ、彼はゾンビではありません。英米圏の霊界思想が不十分なのでしょう。幸福の科学の勉強をもう少ししていただく必要がありますね。

綾織　はい。

大川隆法　（今回の収録は）ないよりはましなのではない

でしょうか。読みたい人はたくさんいるかもしれませんから。

「科学者で、迷っている人」というか、「死んだあと、大変な人」は、これから大勢出てくると思います。今、"量産中"ですからね。

東大の理Ⅰも、毎年1,100人も学生を採っていますが、「このうち、天国に行ける人はいったい何人いるだろう？」と思います。私は「天国に行けるのは百人ぐらいで、千人ぐらいは、もしかしたら唯物論で地獄に堕ちてしまうのではないか」と心配しているのです。これが日本の英才教育のなれの果てであるなら、気の毒だなと思います。

どうか、科学者たちにも、この信仰というものを、知識としてでもいいから知っておいてほしいですね。

斎藤　「唯物論との対決」という感じがしました。

大川隆法　はいはい。あなたの見事な"日本語訳"が活字になる日が近づいていますね。

斎藤　精進させていただきます。

大川隆法　ちょっと英語がひどかったですね。意味を逆に取ることが多くて、ホーキングがイライラしていました。これは、ホーキングだけが悪いとは言えない部分があります。意思疎通ができないために……。

斎藤　悪化させて申し訳ありません。お詫びさせていただきます。

大川隆法　そうですね。英検３級に合格するぐらいの勉強をしたほうがよいのではないでしょうか。まずは中学卒業レベルを目指しましょう。そうすれば、もう少し意思が通じて、「イエスかノーか」が逆にならないぐらいまではいった可能性があると思います。編集は、日本語だけではありません。

斎藤　（苦笑）分かりました。

大川隆法　はい。頑張(がんば)りましょう。

　ホーキングさんは、今のところ、これ以上は無理でしょう。ただ、十年もしたら違うかもしれません。宇宙科学について、何か引っ張ってくるのではないでしょうか。それを楽しみにしたいと思います。

　「偉人になる素質のある方」ではあります。体の苦しさを理由にして、神を信じられなかった部分があったことはよく分かりますけれども、今は、肉体の苦しみから解放されて自由になったので、どうか、「神を信じる世界」に入ってもらいたいと思います。

　以上です。ありがとうございました。

綾織　ありがとうございます。

斎藤　ご指導ありがとうございました。

『公開霊言 ホーキング博士 死後を語る』
　　　　　　　　　　　　大川隆法著作関連書籍

『宇宙人による地球侵略はあるのか』（幸福の科学出版刊）

『ニュートンの科学霊訓』（同上）

『アインシュタイン「未来物理学」を語る』（同上）

『ザ・コンタクト』（同上）

『ユートピアの原理』（同上）

『アトランティス文明・ピラミッドパワーの秘密を探る』（同上）

公開霊言 ホーキング博士 死後を語る
　　　　　　　　　　2018年8月28日　初版第1刷

著　者　　大　川　隆　法
発行所　　幸福の科学出版株式会社
〒107-0052　東京都港区赤坂2丁目10番14号
　　　　　TEL(03) 5573-7700
　　　　　https://www.irhpress.co.jp/

印刷・製本　　株式会社 研文社

落丁・乱丁本はおとりかえいたします
©Ryuho Okawa 2018. Printed in Japan. 検印省略
ISBN 978-4-8233-0023-3 C0040
カバー写真：vchal/Shutterstock.com、Shutterstock/アフロ
装丁・写真（上記・パブリックドメインを除く）© 幸福の科学

大川隆法 霊言シリーズ・未来の科学はどうあるべきか

アインシュタイン「未来物理学」を語る

20世紀最大の物理学者が明かす、「光速」の先——。ワームホールやダークマター、UFOの原理など、未来科学への招待状とも言える一冊。

1,500円

ニュートンの科学霊訓

「未来産業学」のテーマと科学の使命

人類の危機を打開するために、近代科学の祖が示す「科学者の緊急課題」とは——。未知の法則を発見するヒントに満ちた、未来科学への道標。

1,500円

トーマス・エジソンの未来科学リーディング

タイムマシン、ワープ、UFO技術の秘密に迫る、天才発明家の異次元発想が満載！ 未来科学を解き明かす鍵は、スピリチュアルな世界にある。

1,500円

幸福の科学出版

大川隆法霊言シリーズ・科学と宗教の対立を超えて

数学者・岡潔
日本人へのメッセージ

科学における精神統一の重要性から、日本文明のルーツ、戦後の自虐史観の誤りまで、「イデアの世界」に参入した天才数学者による特別講義。

1,400円

ロケット博士・糸川英夫の
独創的「未来科学発想法」

航空宇宙技術の開発から、エネルギー問題や国防問題まで、「逆転の発想」による斬新なアイデアを「日本の宇宙開発の父」が語る。

1,500円

湯川秀樹の
スーパーインスピレーション

無限の富を生み出す「未来産業学」

イマジネーション、想像と仮説、そして直観——。日本人初のノーベル賞を受賞した天才物理学者が語る、未来産業学の無限の可能性とは。

1,500円

※表示価格は本体価格(税別)です。

大川隆法著作シリーズ・最新刊

あなたの知らない地獄の話。

天国に還るために今からできること

無頼漢（ぶらいかん）、土中、擂鉢（すりばち）、畜生、焦熱、阿修羅（あしゅら）、色情、餓鬼、悪魔界――、現代社会に合わせて変化している地獄の最新事情とその脱出法を解説した必読の一書。

1,500円

巫女学入門（みこ）

神とつながる9つの秘儀

限りなく透明な心を磨くための作法と心掛けとは？ 古代ギリシャの巫女・ヘレーネが明かした、邪悪なものを祓（はら）い、神とつながるための秘訣。

1,400円

宇多田ヒカル
――世界の歌姫の スピリチュアル・シークレット

鮮烈なデビューから20年、宇多田ヒカルの音楽と魂の秘密へ――。その仕事哲学と素顔に迫る。母・藤圭子の天国からのメッセージも特別収録。

1,400円

幸福の科学出版

大川隆法宇宙人シリーズ・宇宙人の真実に迫る

宇宙人による地球侵略はあるのか
ホーキング博士「宇宙人脅威説」の真相

物理学者ホーキング博士の宇宙の魂が語る、悪質宇宙人の地球侵略計画。「アンドロメダの総司令官」が地球に迫る危機と対抗策を語る。

1,400円

地球を守る「宇宙連合」とは何か
宇宙の正義と新時代へのシグナル

プレアデス星人、ベガ星人、アンドロメダ銀河の総司令官が、宇宙の正義を守る「宇宙連合」の存在と壮大な宇宙の秘密を明かす。

1,300円

ザ・コンタクト
すでに始まっている「宇宙時代」の新常識

宇宙人との交流秘史から、アブダクションの目的、そして地球人の魂のルーツまで──。「UFO後進国ニッポン」の目を覚ます鍵がここに!

1,500円

※表示価格は本体価格(税別)です。

大川隆法「法シリーズ」・最新刊

信仰の法
地球神エル・カンターレとは

法シリーズ第24作

さまざまな民族や宗教の違いを超えて、
地球をひとつに——。
文明の重大な岐路に立つ人類へ、
「地球神」からのメッセージ。

第1章　信じる力
　── 人生と世界の新しい現実を創り出す

第2章　愛から始まる
　──「人生の問題集」を解き、「人生学のプロ」になる

第3章　未来への扉
　── 人生三万日を世界のために使って生きる

第4章　「日本発世界宗教」が地球を救う
　── この星から紛争をなくすための国造りを

第5章　地球神への信仰とは何か
　── 新しい地球創世記の時代を生きる

第6章　人類の選択
　── 地球神の下に自由と民主主義を掲げよ

2018年上半期ベストセラー **第2位** トーハン調べ（2018年5月）
単行本・ノンフィクション部門

世界100ヵ国以上に30万部以上の愛読者を持つ著者渾身の一冊！
累計2300書突破

2,000円（税別）　幸福の科学出版

心に寄り添う。

いじめ、不登校、自殺、そして障害をもつ人とその家族にとって、
ほんとうの「救い」とは何か。信仰をもつ若者たちが挑む心のドキュメンタリー。

企画・**大川隆法**

監督・宇井孝莉　音楽・水澤有一　撮影監修・田中一成　録音・内田誠（Team U）
出演・希島凛（ARI Production）／小林裕美　藤本明徳　三浦義晃（HSU生）プロデューサー・橋詰太拳　鈴木愛　大川愛理沙
主題歌「心に寄り添う。」作詞・作曲　大川隆法　歌・篠原紗英（ARI Production）　製作・ARI Production

全国の幸福の科学 支部・精舎で公開中！

想像を絶する、"始まり"へ。

3億3千万年の時空を超えて——いま、壮大なスケールで描かれる真実の創世記。この星に込められた、「地球神」の愛とは。

製作総指揮・原案／大川隆法
長編アニメーション映画

宇宙の法 黎明編
The LAWS of the UNIVERSE-PART I

逢坂良太　瀬戸麻沙美　柿原徹也　金元寿子　羽多野 渉　千菅美子
監督／今掛 勇　音楽／水澤有一　総作画監督・キャラクターデザイン／今掛 勇　キャラクターデザイン／須田正己　VFXクリエイティブディレクター／東屋友美子
梅原裕一郎　大原さやか　村瀬 歩　立花慎之介　安元洋貴　伊藤美紀　浪川大輔
アニメーション制作／HS PICTURES STUDIO　幸福の科学出版作品　配給／日活　配給協力／東京テアトル　©2018 IRH Press

10.12[FRI]日米同時公開

laws-of-universe.hspicturesstudio.jp

幸福の科学グループのご案内

宗教、教育、政治、出版などの活動を通じて、地球的ユートピアの実現を目指しています。

幸福の科学

1986年に立宗。信仰の対象は、地球系霊団の最高大霊、主エル・カンターレ。世界100カ国以上の国々に信者を持ち、全人類救済という尊い使命のもと、信者は、「愛」と「悟り」と「ユートピア建設」の教えの実践、伝道に励んでいます。

（2018年8月現在）

愛 　幸福の科学の「愛」とは、与える愛です。これは、仏教の慈悲や布施の精神と同じことです。信者は、仏法真理をお伝えすることを通して、多くの方に幸福な人生を送っていただくための活動に励んでいます。

悟り 　「悟り」とは、自らが仏の子であることを知るということです。教学や精神統一によって心を磨き、智慧を得て悩みを解決すると共に、天使・菩薩の境地を目指し、より多くの人を救える力を身につけていきます。

ユートピア建設 　私たち人間は、地上に理想世界を建設するという尊い使命を持って生まれてきています。社会の悪を押しとどめ、善を推し進めるために、信者はさまざまな活動に積極的に参加しています。

国内外の世界で貧困や災害、心の病で苦しんでいる人々に対しては、現地メンバーや支援団体と連携して、物心両面にわたり、あらゆる手段で手を差し伸べています。

年間約3万人の自殺者を減らすため、全国各地で街頭キャンペーンを展開しています。

公式サイト **www.withyou-hs.net**

ヘレン・ケラーを理想として活動する、ハンディキャップを持つ方とボランティアの会です。視聴覚障害者、肢体不自由な方々に仏法真理を学んでいただくための、さまざまなサポートをしています。

公式サイト **www.helen-hs.net**

入会のご案内

幸福の科学では、大川隆法総裁が説く仏法真理(ぶっぽうしんり)をもとに、「どうすれば幸福になれるのか、また、他の人を幸福にできるのか」を学び、実践しています。

仏法真理を学んでみたい方へ

大川隆法総裁の教えを信じ、学ぼうとする方なら、どなたでも入会できます。入会された方には、『入会版「正心法語(しょうしんほうご)」』が授与されます。

ネット入会 入会ご希望の方はネットからも入会できます。
happy-science.jp/joinus

信仰をさらに深めたい方へ

仏弟子としてさらに信仰を深めたい方は、仏・法・僧の三宝(ぶっぽうそう さんぽう)への帰依を誓う「三帰誓願式」を受けることができます。三帰誓願者には、『仏説・正心法語』『祈願文(きがんもん)①』『祈願文②』『エル・カンターレへの祈り』が授与されます。

幸福の科学 サービスセンター
TEL **03-5793-1727**
受付時間／火～金：10～20時 土・日祝：10～18時

幸福の科学 公式サイト
happy-science.jp

幸福の科学グループの教育・人材養成事業

教育 ハッピー・サイエンス・ユニバーシティ
Happy Science University

ハッピー・サイエンス・ユニバーシティとは

ハッピー・サイエンス・ユニバーシティ（HSU）は、大川隆法総裁が設立された「現代の松下村塾」であり、「日本発の本格私学」です。
建学の精神として「幸福の探究と新文明の創造」を掲げ、チャレンジ精神にあふれ、新時代を切り拓く人材の輩出を目指します。

| 人間幸福学部 | 経営成功学部 | 未来産業学部 |

HSU長生キャンパス TEL 0475-32-7770
〒299-4325　千葉県長生郡長生村一松丙 4427-1

| 未来創造学部 |

HSU未来創造・東京キャンパス
TEL 03-3699-7707
〒136-0076　東京都江東区南砂2-6-5　公式サイト **happy-science.university**

学校法人 幸福の科学学園

学校法人 幸福の科学学園は、幸福の科学の教育理念のもとにつくられた教育機関です。人間にとって最も大切な宗教教育の導入を通じて精神性を高めながら、ユートピア建設に貢献する人材輩出を目指しています。

幸福の科学学園
中学校・高等学校（那須本校）
2010年4月開校・栃木県那須郡（男女共学・全寮制）
TEL **0287-75-7777**　公式サイト **happy-science.ac.jp**

関西中学校・高等学校（関西校）
2013年4月開校・滋賀県大津市（男女共学・寮及び通学）
TEL **077-573-7774**　公式サイト **kansai.happy-science.ac.jp**

幸福の科学グループの教育・人材養成事業

仏法真理塾「サクセスNo.1」

全国に本校・拠点・支部校を展開する、幸福の科学による信仰教育の機関です。小学生・中学生・高校生を対象に、信仰教育・徳育にウエイトを置きつつ、将来、社会人として活躍するための学力養成にも力を注いでいます。
TEL 03-5750-0747（東京本校）

エンゼルプランV　**TEL** 03-5750-0757
幼少時からの心の教育を大切にして、信仰をベースにした幼児教育を行っています。

不登校児支援スクール「ネバー・マインド」　**TEL** 03-5750-1741
心の面からのアプローチを重視して、不登校の子供たちを支援しています。

ユー・アー・エンゼル！（あなたは天使！）運動
一般社団法人 ユー・アー・エンゼル　**TEL** 03-6426-7797
障害児の不安や悩みに取り組み、ご両親を励まし、勇気づける、
障害児支援のボランティア運動を展開しています。

NPO活動支援

学校からのいじめ追放を目指し、さまざまな社会提言をしています。また、各地でのシンポジウムや学校への啓発ポスター掲示等に取り組む一般財団法人「いじめから子供を守ろうネットワーク」を支援しています。
公式サイト **mamoro.org**　ブログ **blog.mamoro.org**
相談窓口 TEL.03-5719-2170

百歳まで生きる会

「百歳まで生きる会」は、生涯現役人生を掲げ、友達づくり、生きがいづくりをめざしている幸福の科学のシニア信者の集まりです。

シニア・プラン21

生涯反省で人生を再生・新生し、希望に満ちた生涯現役人生を生きる仏法真理道場です。定期的に開催される研修には、年齢を問わず、多くの方が参加しています。全国151カ所、海外12カ所で開校中。

【東京校】**TEL** 03-6384-0778　**FAX** 03-6384-0779
メール **senior-plan@kofuku-no-kagaku.or.jp**

幸福の科学グループ事業

幸福実現党 釈量子サイト
shaku-ryoko.net

Twitter
釈量子@shakuryoko
で検索

党の機関紙
「幸福実現NEWS」

政治

幸福実現党

内憂外患(ないゆうがいかん)の国難に立ち向かうべく、2009年5月に幸福実現党を立党しました。創立者である大川隆法党総裁の精神的指導のもと、宗教だけでは解決できない問題に取り組み、幸福を具体化するための力になっています。

幸福実現党 党員募集中

あなたも幸福を実現する政治に参画しませんか。

○ 幸福実現党の理念と綱領、政策に賛同する18歳以上の方なら、どなたでも参加いただけます。
○ 党費:正党員(年額5千円[学生 年額2千円])、特別党員(年額10万円以上)、家族党員(年額2千円)
○ 党員資格は党費を入金された日から1年間です。
○ 正党員、特別党員の皆様には機関紙「幸福実現NEWS(党版)」が送付されます。

＊申込書は、下記、幸福実現党公式サイトでダウンロードできます。
住所:〒107-0052　東京都港区赤坂2-10-8 6階 幸福実現党本部

TEL 03-6441-0754　**FAX** 03-6441-0764
公式サイト hr-party.jp　**若者向け政治サイト** truthyouth.jp

幸福の科学グループ事業

出版メディア事業

幸福の科学出版

大川隆法総裁の仏法真理の書を中心に、ビジネス、自己啓発、小説など、さまざまなジャンルの書籍・雑誌を出版しています。他にも、映画事業、文学・学術発展のための振興事業、テレビ・ラジオ番組の提供など、幸福の科学文化を広げる事業を行っています。

アー・ユー・ハッピー？
are-you-happy.com

ザ・リバティ
the-liberty.com

ザ・ファクト
マスコミが報道しない「事実」を世界に伝えるネット・オピニオン番組

Youtubeにて随時好評配信中！

ザ・ファクト　検索

幸福の科学出版
TEL 03-5573-7700
公式サイト irhpress.co.jp

芸能文化事業

ニュースター・プロダクション

「新時代の"美しさ"」を創造する芸能プロダクションです。2016年3月に映画「天使に"アイム・ファイン"」を、2017年5月には映画「君のまなざし」を公開しています。

公式サイト newstarpro.co.jp

ARI Production
（アリプロダクション）

タレント一人ひとりの個性や魅力を引き出し、「新時代を創造するエンターテインメント」をコンセプトに、世の中に精神的価値のある作品を提供していく芸能プロダクションです。

公式サイト aripro.co.jp

大川隆法　講演会のご案内

大川隆法総裁の講演会が全国各地で開催されています。講演のなかでは、毎回、「世界教師」としての立場から、幸福な人生を生きるための心の教えをはじめ、世界各地で起きている宗教対立、紛争、国際政治や経済といった時事問題に対する指針など、日本と世界がさらなる繁栄の未来を実現するための道筋が示されています。

2018年7月4日・さいたまスーパーアリーナ「宇宙時代の幕開

2017年5月14日 ロームシアター京都「永遠なるものを求めて」

2017年8月2日 東京ドーム「人類の選

2018年2月3日 都城市総合文化ホール（宮崎県）「情熱の高め方」

2017年12月7日 幕張メッセ（千葉県）「愛を広げる

講演会には、どなたでもご参加いただけます。
最新の講演会の開催情報はこちらへ。　→　大川隆法総裁公式サイト
https://ryuho-okawa.org